| 就业技能培训教材 |

农艺工基本技能

（第2版）

主　编　孙红春　牟洪香
副主编　刘连涛　王树林　祁　虹
参　编　张　谦　王　燕　董　明　张永江　冯国艺　侯新村

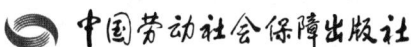
中国劳动社会保障出版社

图书在版编目(CIP)数据

农艺工基本技能 / 孙红春, 牟洪香主编. --2 版. --北京：中国劳动社会保障出版社, 2024. --（就业技能培训教材）. -- ISBN 978-7-5167-6709-2

Ⅰ.S

中国国家版本馆 CIP 数据核字第 2024A9V364 号

中国劳动社会保障出版社出版发行

（北京市惠新东街 1 号　邮政编码：100029）

＊

北京昌联印刷有限公司印刷装订　　新华书店经销
880 毫米×1230 毫米　32 开本　4.5 印张　106 千字
2024 年 12 月第 2 版　　2024 年 12 月第 1 次印刷
定价：15.00 元

营销中心电话：400-606-6496
出版社网址：https://www.class.com.cn

版权专有　　侵权必究
如有印装差错, 请与本社联系调换：(010) 81211666
我社将与版权执法机关配合, 大力打击盗印、销售和使用盗版图书活动, 敬请广大读者协助举报, 经查实将给予举报者奖励。
举报电话：(010) 64954652

前　言

为健全终身职业技能培训制度，适应职业技能培训高质量发展要求，进一步规范就业技能培训管理，提升培训的针对性和有效性，促进劳动者技能提升和就业，我们对原职业技能短期培训教材进行了优化升级，组织编写了就业技能培训系列教材。本套教材以相应职业（工种）的国家职业标准和岗位要求为依据，力求体现以下特点：

全。教材覆盖各类就业技能培训，涉及职业素质类，农业技能类，生产、运输业技能类，服务业技能类，其他技能类五大类。

精。教材中只讲述必要的知识和技能，强调实用和够用，将最有效的就业技能传授给受培训者。

易。内容通俗易懂，图文并茂，易于学习。

本书在编写过程中得到河北农业大学农学院和河北省农林科学院棉花研究所的大力支持，在此一并表示衷心感谢。

教材编写是一项探索性工作，由于时间紧迫，不足之处在所难免，欢迎各使用单位及读者提出宝贵意见和建议，以便教材修订时补充更正。

内 容 简 介

本书是农艺工就业技能培训教材,在第一版的基础上结合农艺工技术发展和实用性对内容进行了调整和完善,如丰富了农作物栽培技术等内容。本书的主要内容包括:基础知识、播前准备与播种、田间管理、收获管理、农作物栽培技术、农产品安全生产关键技术等。

全书图文并茂,语言通俗易懂,内容紧密结合工作实际,突出技能操作,便于学员更好地掌握农艺工基础知识和基本技能。

为帮助读者更好地掌握农艺工操作技能,扫描封底二维码可以免费查看本书相关清晰图片。

本书适合于就业技能培训使用。通过培训,初学者或具有一定基础的人员可以达到从事农艺工工作的基本要求。本书还可供农艺工爱好者学习参考。

目 录

第 1 单元　基础知识 …………………………………………………… 1

　模块 1　土壤 …………………………………………………………… 1

　模块 2　水土保持 ……………………………………………………… 9

　模块 3　肥料 …………………………………………………………… 10

　模块 4　农药 …………………………………………………………… 14

　模块 5　农业机械 ……………………………………………………… 25

第 2 单元　播前准备与播种 …………………………………………… 31

　模块 1　土壤耕作 ……………………………………………………… 31

　模块 2　种子准备 ……………………………………………………… 36

　模块 3　农资准备 ……………………………………………………… 38

　模块 4　播种 …………………………………………………………… 40

第 3 单元　田间管理 …………………………………………………… 45

　模块 1　中耕除草及作业质量检查 …………………………………… 45

　模块 2　肥水调控 ……………………………………………………… 46

模块 3　　植株管理 ·· 50
　　模块 4　　病虫草害防治 ·· 54

第 4 单元　收获管理 ·· 67

　　模块 1　　收获 ·· 67
　　模块 2　　储藏 ·· 72

第 5 单元　农作物栽培技术 ·· 79

　　模块 1　　水稻栽培 ·· 79
　　模块 2　　小麦栽培 ·· 87
　　模块 3　　玉米栽培 ·· 93
　　模块 4　　谷子栽培 ··· 101
　　模块 5　　棉花栽培 ··· 106
　　模块 6　　花生栽培 ··· 115
　　模块 7　　大豆栽培 ··· 122

第 6 单元　农产品安全生产关键技术 ······································ 129

　　模块 1　　作物生产标准化 ·· 129
　　模块 2　　农产品质量认证 ·· 130
　　模块 3　　绿色农产品、有机农产品生产关键技术 ·················· 133

第1单元 基础知识

模块1 土壤

一、土壤质地

土壤质地是土壤物理性质的重要方面，涉及土壤中不同大小直径矿物颗粒的组合状况，这些矿物颗粒的组合比例决定了土壤的通透性、保蓄性、耕性以及养分含量等特性。

根据土壤质地通常可将土壤分为三大类：砂土、黏土和壤土。

1. 砂土

砂土含有较多的砂粒和较少的黏粒，因此通气孔隙较多，而保水孔隙较少。砂土透水透气性强，适合种植生育期短、耐贫瘠的作物。

2. 黏土

黏土含有较多的黏粒和较少的砂粒，所以保水孔隙较多，通气孔隙较少。黏土保水保肥性强，适合种植生育期长、需肥量大的作物。

3. 壤土

壤土的砂粒和黏粒含量适中，大小孔隙的比例也相对适当。壤土具有良好的水、肥、气、热协调性，适宜种植各种作物。

二、土壤肥力

土壤肥力是土壤的基本属性，是土壤为植物生长供应和协调养分、水分、空气、热量的能力,也是土壤物理、化学和生物性质的综合反映。

1. 自然肥力和人工肥力

按照土壤肥力的形成过程,土壤肥力可分为自然肥力和人工肥力。

自然肥力是土壤在母质、气候、生物、地形等自然因素的作用下形成的肥力。它能否形成和发展,取决于各种自然因素的质量、数量及其组合适当与否。自然肥力是土地生产力的基础,它能自发地促进天然植被生长。

人工肥力是土壤通过人类生产活动,在耕作、施肥、灌溉、土壤改良等人为因素的作用下形成的肥力。

土壤的自然肥力与人工肥力结合形成的经济肥力,是土壤生产力的综合体现,唯有在此基础上,才能为人类生产出充裕的农产品。

2. 有效肥力和潜在肥力

按照土壤肥力的发挥程度,可将土壤肥力分为有效肥力和潜在肥力。农作物能即时利用的土壤肥力叫"有效肥力",不能即时利用的土壤肥力叫"潜在肥力"。

潜在肥力在一定条件下可转化为有效肥力。例如,黏土的有机质含量高,氮、磷、钾养分含量丰富,虽然潜在肥力较高,但可能因通气不良、养分转化缓慢、有效养分含量低而影响作物生长。对这种土壤应采取补充客土、多施有机肥、勤中耕等措施,促使潜在肥力向有效肥力转化。

三、高产田的土壤特征及潜力挖掘

1. 高产田的土壤特征

(1) 土层深厚。土层厚度指土壤剖面的深度,即从地表到土壤母质层的垂直距离。农田的土层厚度应超过 50 cm,果园应超过 100 cm。

(2) 质地层次好。全土层为壤土：表土层壤质偏砂，便于作物扎根发苗；心土层壤质偏黏，保水保肥能力强。

(3) 富含有机质。北方旱田的土壤肥力、营养含量、作物产量、理化性状等都和有机质的含量相关。我国西北高产旱田的土壤一般含有 1.5%~2%的有机质。

(4) 酸碱度适中、无毒害物质。土壤 pH 值为 6~7.8；土壤中不能有盐碱性、污染性、还原性物质。

2. 高产田潜力挖掘

(1) 增施有机肥

1) 施用农家肥。家畜、家禽的粪尿以及人的粪尿均可作为农家肥使用，此类肥料是耕田的主要有机肥源之一，所以要重点抓好粪肥堆沤工作，坚持采用常年积肥与季节性积肥相结合的方法，改进农家肥的制作方法，减少养分流失，提高肥料质量。

2) 秸秆还田。秸秆还田既能提高土壤中的养分含量，又能增加耕作层的厚度，还能促进土壤团粒结构的形成，使土壤的理化性状得到改善。除此之外，秸秆还田还可以提高土壤微生物的活性，为作物吸收养分创造更有利的土壤条件。小麦秸秆还田如图1-1所示。

3) 种植绿肥作物。利用闲田种植绿肥作物，就地种植、就地利用，这样既能节省劳力，又能减少污染。种植绿肥能够解决缺少有机肥源的问题，改善肥料总量中有机肥与无机肥的比例，减少化肥的用

图1-1 小麦秸秆还田

量，节省成本，减少能源消耗。此外，施绿肥可以增加土壤中有机质的含量，更新有机质的类型，使土壤肥力得到提高，使土壤得到

改善。将油菜作为绿肥还田，如图1-2所示。

图1-2　将油菜作为绿肥还田

（2）提高复种指数。复种指数又叫种植指数，是指全年内同一块耕地上种植农作物的次数，可反映耕地的利用程度。复种指数的高低受当地热量、土壤、水分、肥料、劳力、科学技术水平等条件的制约。热量条件好、无霜期长、总积温高、水分充足是提高复种指数的基础。农业科学技术水平的提高，为复种指数的提高创造了条件。我国南方水热条件好，耕地利用率高，浙江、福建、江西、湖北、湖南、广东等省，复种指数均较高。提高复种指数，对发展农业、增加农作物产量，具有重要作用。我国可复种的耕地面积约占总耕地面积的一半，可复种的播种面积约占总播种面积的一半。

（3）合理轮作。合理轮作可以均衡地利用土壤中的养分和水分。各种作物的生物特性不同，从土壤中吸收养分的种类、数量、时期和吸收利用率也不相同。小麦等禾谷类作物与其他作物相比，对氮、磷和钾的吸收量较大；豆科作物能固氮，而磷的消耗量却较大；块根块茎类作物，钾的消耗量较大，氮的消耗量也较大；纤维作物和油料作物吸收氮、磷皆多。如果连续栽培对土壤养分要求相似的作物，必将造成由土壤中养分被片面消耗所致的减产。因此，通过对吸收、利用营养元素能力不同而又具有互补作用的不同作物的合理轮作，可以协调前、后茬作物养分的供应，使作物均衡地利用土壤养分，充分发挥土壤的生产潜力。轮作能改善土壤理化性状，调节土壤肥力。例如，禾本科作物有机碳含量多，豆科作物落叶量大，还能给土壤补充氮，所以有计划地进行禾、豆轮作，有利于调节土壤碳、氮平衡。再如，有的作物（如深根性作物和多年生豆科牧草），根细密，数量较多，分布比较均匀；有的作物（如玉米、高粱），根茬大，易起土块。如果合理轮作上述两种作物对下层土壤会有明显的疏松作用。土壤物理性质的改善，可提高土壤肥力。

四、低产田的土壤特征及改良技术

1. 低产田类型

（1）南方低产水稻田。一般将单季水稻平均产量低于 $6\ 000\ kg/hm^2$ 的水稻田划分为低产水稻田。我国低产水稻田面积约 $7.67\times10^6\ hm^2$，占水稻田总面积的 32%。低产水稻田面积大、分布广，其肥力特征与改良技术研究有待加强。

1) 冷潜型低产水稻田。冷潜型低产水稻田包括沿湖水网地带长期浸泡的潜育化水稻田以及冷浸田（如烂泥田、冷水田、锈水田、鸭屎泥田等）。潜育化水稻田土壤还原性强，有机质积累、铁的活化和迁移损失明显，土壤团聚体易遭破坏，土壤黏闭，透气性差；冷浸田长期渍水，土壤温度低、还原性物质多，有机质和全氮含量高，土壤有效养分偏低。

2) 黏结型低产水稻田。土壤质地黏重、耕性发僵、土体黏结力大。根据成土母质及黏性程度的不同可分为黄泥田、胶泥田和石灰泥田。该类水稻田土体黏粒含量高，一般在30%以上；结构不良，耕性差；有机质含量低，供肥保肥能力差。

3）沉板型低产水稻田。沉板型低产水稻田是指土壤质地过砂或粗颗粒含量过高的一类低产水稻田，根据土壤的性状可分为淀浆田、沉砂田和砂漏田。白土是典型的沉板型低产水稻田土壤，也是淀浆田土壤，黏粒含量低，水耕过程中，粗颗粒容易下沉，淀浆板结，土体紧实，土壤养分匮乏，保肥性能差。

4）毒质型低产水稻田。毒质型低产水稻田是指土壤中含有的化学物质的浓度超过水稻的适应能力，致使水稻生长受到毒害的一类低产水稻田，按毒源不同可分为咸田、反酸田、重金属和矿毒田。咸田又称盐渍化水稻土，盐分含量在0.1%~1%之间，表层多在0.6%以上，盐分以氯化钠为主。反酸田又称磺酸田，含有大量的硫化物，酸性强，土壤水溶液中硫酸铝含量高。重金属和矿毒田是指受到重金属或矿毒物质污染的水稻田，按污染物种类的不同可分为重金属污染田和矿毒污染田。

（2）北方盐碱地。盐碱地是指土壤中盐分含量过高，会对植物生长造成不良影响的土地。重度盐碱地如图1-3所示。盐碱地的形成通常与地形、气候、水文、地质和人为因素有关。例如，干旱地区由于蒸发强烈，土壤中的盐分容易积累；地下水位较高的地区，土壤中的盐分也会因水分蒸发而积累。此外，不合理的灌溉和施肥也会导致盐碱地的形成。

盐碱地会给农业生产带来很大的不利影响。第一，盐分过高会导致植物根系吸收水分和养分的能力受到限制，从而影响植物的生长。第二，盐碱地的高盐环境会对土壤微生物的活动产生抑制作用，进而影响土壤养分的循环和供应。第三，盐碱地还会导致土壤结构破坏、土壤板结、地表径流增加等问题。

图1-3 重度盐碱地

2. 低产田改良措施

（1）南方低产水稻田改良措施

1）冷潜型低产水稻田改良措施。土壤还原性物质多、透气性差、土温低、供肥缓慢是冷潜型水稻田低产的主要原因。研究表明，施用生物炭及脱硫灰等土壤改良剂可有效改善冷浸田土壤特性和水稻群体质量。采用"田"字形明沟排水也是改善冷浸田土壤理化性状和提高水稻产量的重要措施之一。

2）黏结型低产水稻田改良措施。土壤熟化度低、有机质缺乏、酸性强及耕性不良是黄泥田低产的主要原因。研究表明，长期有机肥、无机肥配施可增加黄泥田土壤全氮、有机质及微生物含量，提高土壤质量和肥力。长期秸秆还田能有效缓解不良农田管理措施对稻田生产力的负面影响，具有较好的稳产和增产效果。有机熟化技术是黄泥田改良的主要措施，所以对稻田秸秆腐熟菌剂的研究应给予足够重视。

3）沉板型低产水稻田改良措施。土壤质地过砂、淀浆板结、漏水漏肥、养分贫乏是造成沉板型水稻田低产的主要因素。其中，淀浆田的主要低产因素是淀浆板结，而砂漏田的主要低产因素是漏水、漏肥。白土作为典型的沉板型低产水稻田土壤，近年来备受关注。

4）毒质型低产水稻田改良措施。毒质型低产水稻田应切断毒源，改良土壤，调整耕作，科学施肥，强化病虫害防治。

(2) 北方盐碱地改良措施

1）水利工程措施。水利工程措施是北方盐碱地改良的重要手段之一。通过修建排水沟、灌溉渠道等，可以降低地下水位，减少土壤中的盐分含量。此外，通过合理的灌溉和排水，可以控制水分蒸发，防止盐分积累。同时，在干旱地区可以通过节水灌溉技术来提高灌溉效率，减少土壤中的盐分含量。

2）农业生物措施。农业生物措施是一种通过种植耐盐植物等手段来改善盐碱地的方法。耐盐植物具有适应高盐环境的特性，能在盐碱地上正常生长。此外，通过调整种植结构、间作套种、施用有机肥、施用菌剂等也可以提高盐碱地的生产力。施用有机肥可以改善土壤结构，提高土壤的通透性和保水能力，从而降低土壤中的盐分含量。施用菌剂可改良土壤微生物活性，降低土壤盐分对作物根系的危害。

3）化学改良措施。化学改良措施是一种通过向土壤中施用化学物质来改善土壤性质的方法。常用的化学物质包括石膏、磷石膏、硫酸铝等，这些物质可以中和土壤中的碱性物质，降低土壤的pH值，从而促进植物生长；可以改善土壤的结构和通透性，防止水分蒸发和盐分积累。但是，在施用化学物质时需要注意适量，避免对土壤造成负面影响。

4）物理改良措施。物理改良措施是一种通过改变土壤物理性质来改善盐碱地的方法。常用的物理改良措施包括客土法、翻土法等。客土法是指将非盐碱土加到盐碱土中，增加土壤中的养分和水分含量，从而促进植物生长。翻土法是指将表层盐碱土翻耕到下层，增加土壤的通透性和保水能力，从而降低表层土壤中的盐分含量。同时，通过覆盖地表、抑制水分蒸发等手段也可以减少表层土壤中的盐分含量。

模块2 水土保持

水土保持是指防治水土流失，保护、改良与合理利用水土资源，维护和提高土地生产力，以充分发挥水土资源的经济效益和社会效益，建立良好的生态环境。为确保水土保持的成效，应采取一系列的治理措施。根据治理措施的特性，可将水土保持治理措施分为：工程措施、林草措施和耕作措施三大类。

1. 工程措施

工程措施是指为防治水土流失，保护和合理利用水土资源而实施的各项工程措施。这类措施中的"工程"，包括治坡工程、治沟工程和小型水利工程。

2. 林草措施

林草措施又称植物措施，是指为防治水土流失，保护和合理利用水土资源，采取造林种草及管护的方法，增加植被覆盖率，维护和提高土地生产力的一种水土保持措施。常采用的林草措施：造林、种草和封山育林、育草。

3. 耕作措施

耕作措施是指以微改变坡面地形，提高植被覆盖率，或增强土壤抗蚀力等方法，保土蓄水，改良土壤，提升农业生产力的技术措施。常采用的耕作措施：等高耕作、等高带状间作、沟垄耕作、少耕、免耕等。

模块 3　肥料

一、肥料的种类及特性

1. 按养分类型划分

肥料按养分类型可分为有机肥、无机肥、微生物肥料、复合肥、特殊肥料。

（1）有机肥。有机肥是以植物、动物的残体及粪便为原料，通过堆肥、厌氧发酵等方式制成的肥料，其特点是营养成分含量丰富、作用持久，能提高土壤肥力和改良土壤结构。有机肥的种类繁多，包括畜禽粪便、污泥、秸秆等，通常作为农田和家庭果蔬园的肥料。但是，有机肥的缺点也很明显，如需施用大量肥料，这会增加农业生产成本。

（2）无机肥。无机肥是用人工合成的化学成分制成的肥料，其特点是营养成分含量高、吸收快、作用迅速。常见的无机肥包括尿素、碳酸氢铵等。无机肥适用于各类作物的种植，但无机肥也存在一些问题，如快速释放养分易造成土壤污染，长期使用会降低土壤肥力。

（3）微生物肥料。微生物肥料是一种利用微生物的生命活动来改善土壤条件、促进作物生长的肥料，非常适合长期种植作物的土壤，能促进土壤健康。生物酶肥属于微生物肥料中的一种，是利用生物酶对矿质元素的吸附、解散作用产生肥料效果的。微生物肥料与有机肥混合使用效果更好，生物有机肥如图 1-4 所示。

（4）复合肥。复合肥是指含有两种或两种以上营养元素的肥料，在作物生长过程中，可以为作物提供多种养分，切实满足作物所需要的养分。复合肥的特点是营养成分齐全，施用方便，效果稳定。三元复合肥是一种常见的复合肥，含有氮、磷、钾三种主要营养元素，广泛用于农作物、果树、草坪等的施肥。

（5）特殊肥料。还有一些特殊肥料，如海藻肥（见图1-5）、蘑菇渣肥等，这些肥料具有一定的、特殊的肥效，适用于特定的植物。海藻肥含有植物所需的海藻酸等物质，对提高植物抗逆性、增进植物健康有一定效果；蘑菇渣肥富含蘑菇菌体和纤维素。

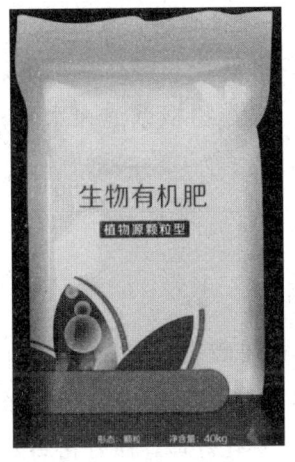
图1-4 生物有机肥

图1-5 海藻肥

2. 按肥效快慢划分

肥料按肥效快慢可分为速效肥料和缓效肥料。

（1）速效肥料。速效肥料是指养分易被植物吸收利用、见效快的肥料，如大多数无机肥和少数有机肥（如腐熟的人粪尿等）。速效肥料肥效持续时间较短，多用作追肥，也可用作基肥，有的（如硫铵）还可用作种肥。硫酸锌、硼酸、尿素等水溶性速效肥料可用作根外追肥。

（2）缓效肥料。缓效肥料又称缓释肥料或控释肥料，这种肥料中的养分释放速度缓慢,或者养分释放速度可以得到一定程度的控制以供作物持续吸收利用。缓释氮肥属于一种常见的缓释肥料,它最重要的特性是可以控制释放速度,在施入土壤以后逐渐分解,逐渐被作物吸收利用,使肥料中的养分能满足作物在整个生育期中各个生长阶段的不同需要,一次施用后,肥效可维持数月至一年。

3. 按形态划分

肥料按形态可分为固态肥料、液态肥料、气态肥料。

常见固态肥料:尿素、磷酸二氢铵、缓释肥料、复合肥料。常见液态肥料:清液型、泥浆型、悬浮型的复合肥料。常见气态肥料:二氧化碳气肥、氧肥(雨涝天气,农作物根系泡在水里,缺氧时施用)。

二、肥料的储存和混合

1. 肥料的科学储存

储存肥料时,一方面要注意不要让肥料破袋、受潮、淋雨、暴晒,另一方面要避免与一些容易与肥料发生反应的物质一起储存。对于已经开口破袋的肥料,在储存时一定要扎好口,做好密封处理,这样肥料才不容易出现受潮、分解、挥发或者结块等问题,也才能储存得更加长久有效。

肥料的品种有很多,而且每种的肥效都不一样,因为它们所含的化学成分不同。如果将没有使用完的肥料直接暴露在空气中,那么它可能会与空气中的物质发生反应或者挥发等而失去肥效,所以对没有使用完的肥料要进行密封处置。

目前国家暂时没有关于肥料保质期的明确规定,但一些特定肥料的外包装上一般标有保质期,过期后就不可再用,如生物有机肥等。肥料一般都可以长期储存,但储存方法要合理,不然会失去肥效。

不同的肥料有不同的特性，存储过程中常会发生以下几种变化：肥料受潮板结，肥效降低，肥料总量减少但肥效不变等。常见肥料的特性和存储注意事项如下。

（1）尿素。尿素可在阴凉、干燥的环境中储存很多年，而且肥效基本不会有太大的变化，不影响正常使用。但尿素在储存过程中怕潮怕水，如果受潮、淋水，尿素会发生水溶进而造成总量减少。另外，尿素在储存过程中应当避免高温直晒，否则会加速氮的挥发。

（2）普钙（又叫过磷酸钙）。普钙储存有效期一般在1年以内，超过半年肥效就会慢慢地降低。这是因为生产普钙所用的磷矿粉中含有一定量的铁、铝成分，普钙储存半年后，铁、铝成分会慢慢地转化为难溶性的磷酸铁、磷酸铝，导致肥效降低。如果生产普钙所用的磷矿粉中含有的铁、铝比较少，则普钙会比较适合长期储存。另外，普钙具有一定的腐蚀性，在储存时应当远离铜、铁等金属，也不能和种子一起储存，否则容易降低种子的发芽率。

（3）碳铵（又叫碳酸氢铵）。碳铵放置在阴凉通风，远离火源，远离储存酸性物质以及氢氧化钙、氢氧化钠等碱性物质的地方，能够长时间储存。碳铵吸水性较强，也怕高温，在高温和受潮时会大量挥发，造成肥料减少，但肥效基本没有太大变化。如果将碳铵和酸性物质一起储存，会发生化学反应，造成碳铵变质。比如，碳铵和盐酸一起储存，会生成水、二氧化碳和氯化铵，不过氯化铵也是可以作为肥料继续使用的。

（4）磷酸二铵。磷酸二铵是一种氮、磷含量比较高的常用复合肥，因为它水溶性比较好，所以在储存时具有怕湿的特性，淋雨或者受潮就会发生反应，导致营养成分（如氮、磷）的损失。另外，磷酸二铵也怕高温，如果其储存环境温度达到30 ℃，磷酸二铵会分解释放出氨气，还会缓慢地转化为磷酸一铵。

(5) 钾肥。硫酸钾和氯化钾是最常用的钾肥。这两种钾肥具有十分稳定的化学性能，可以储存较长时间，即使不小心淋雨或受潮发生板结，也不用太过担心，只要把结块肥料打碎就可以继续使用，并不会造成肥效损失。

(6) 菌肥。菌肥是微生物肥料的一种重要类型。菌肥中菌种的活性是有一定期限的，一般为1~2年，超过期限菌种基本就失去了活性，此时再将菌种用到地里基本就没有效果。菌肥一般在外包装袋上标有明确的菌种有效期，生产后超过两年的菌肥应当谨慎购买。另外，因为菌种在适合的环境下才能存活，所以在储存菌肥时，可以把它储存在4~10℃的低温环境中，并且要注意通风、避光。

2. 肥料混合原则

(1) 几种肥料混合后，有效养分含量不能降低。

(2) 混合后肥料的物理性质不能变差，最好混合后使肥料的物理性质得到改善。

(3) 肥料混合施用应有利于提高肥效和施肥功效。在生产实际中，根据土壤的供肥特点和作物的营养需要，常常需要施用两种以上的单一肥料，或将一两种单一肥料与一种复合肥料混合施用。除了混合施用，也可以将两种以上的单一肥料混合起来制成混合肥料。

模块4 农药

农药，全称为农用药剂，是指用于预防、控制或者消灭危害农业、林业的有害生物，以及有目的地调节植物、昆虫生长的化学药品。农药用于有害生物的预防和消灭，属于其化学保护或化学防治作用；用于植物生长发育的调节，属于其化学调控作用。

一、农药的分类

农药因为种类繁多，名称复杂，在使用和管理上常从不同的角度进行分类。

1. 按杀虫剂原料来源分类

（1）矿物源农药。大多数矿物源农药是用矿物质原料加工制成的。在化学合成技术不发达时期，多用天然矿物原料（如砷类化合物）做农药，但品种较少，药效低。目前还在应用的矿物源农药只有波尔多液、磷化锌、磷化铝等几种。

（2）植物源农药。植物源农药是用天然植物提炼加工而来的，如用除虫菊、烟草和鱼藤提炼的除虫菊素、烟碱和鱼藤酮等都具有杀虫活性。在天然植物基础上研究的植物源农药对人畜皆安全、无药害，不易使有害生物产生抗药性，但药效低，持效期短，农药使用量和喷施次数多。

（3）生物源农药。生物源农药是用微生物及其代谢产物制成的。这种农药一般药效较好，对有益生物无害或杀伤力较小，对环境友好，且不易使有害生物产生抗药性。常见的生物源农药有阿维菌素、苏云金杆菌（英文简称为Bt）、白僵菌、绿僵菌、核多角体病毒等。

（4）化学合成农药。化学合成农药即人工合成的农药，可大规模工业化生产，品种繁多，目前应用最广。优点是药效高、有速效性、防治对象广泛。但是，化学合成农药会使有害生物产生抗药性，会对环境造成污染，对人畜有不同程度的毒害作用。

2. 按用途或施用对象分类

（1）杀虫剂。杀虫剂是可将有害昆虫直接毒杀，或可通过其他途径控制有害昆虫种群形成，减轻、消除昆虫危害的药剂，占我国农药消耗量首位。

（2）杀螨剂。杀螨剂是用来防治有害螨类的药剂。

（3）杀菌剂。杀菌剂是可对危害作物的真菌、细菌等产生抑制和毒杀作用的药剂。

（4）杀线虫剂。杀线虫剂是用来防治植物病原线虫的药剂。

（5）杀鼠剂。杀鼠剂是用来杀灭鼠类的药剂。

（6）除草剂。除草剂是用来预防、控制、消灭农田杂草的药剂。

（7）植物生长调节剂。植物生长调节剂是可对植物生长发育起促进或抑制作用的药剂。

3. 按作用方式分类

（1）杀虫剂、杀螨剂按作用方式分类

1）触杀剂。触杀剂通过体壁及气门进入害虫体内，使之中毒死亡，可用于防治有各种类型口器的害虫。多数具有触杀作用的化学农药，都兼有胃毒作用。

2）胃毒剂。胃毒剂通过害虫取食而进入其消化系统，多被中肠肠壁细胞吸收，引起害虫中毒死亡。这类农药对有咀嚼式或舐吸式口器的害虫非常有效，对有刺吸式口器的害虫无效。

3）内吸剂。内吸剂通过被植物的茎、叶、根或种子吸收而进入植物体内，并在植物体内传导扩散或产生更毒的代谢物，害虫取食有毒的植物汁液后会中毒死亡。常见的内吸剂有乐果、氧化乐果、久效磷等。这类农药对具有刺吸式口器的害虫有特效。

4）熏蒸剂。熏蒸剂能够在常温下化为有毒气体，通过害虫的呼吸系统进入其体内，使之中毒死亡。常见的熏蒸剂有敌敌畏、磷化铝等。使用这类药剂最好在密闭环境中，如仓库、温室、大棚等。在大田使用时，只有在无风条件下才能收到较好的效果。

5）引诱剂。引诱剂靠自身的物理、化学性质（如颜色、气味、微波信号等）将害虫诱集杀死。这类药剂可分为食物诱剂、性诱剂和产卵诱剂。其中研究最多的是性诱剂，它可引起同种昆虫异性个体间产生行为反应，所以可用引诱剂诱集成虫。

6）不育剂。不育剂进入害虫体内后，可作用于害虫的生殖系统，使其性细胞不能形成和结合，或使其受精卵和胚胎不能正常发育。这类药剂可分为雄性不育、雌性不育、两性不育三类。

7）昆虫生长调节剂。昆虫生长调节剂又称特异性杀虫剂，不能直接快速地杀死害虫，主要特点是阻碍或抑制害虫的正常生理活动，如使其不能正常化蛹、羽化等，从而达到防治害虫的目的。

（2）杀菌剂按作用方式分类

1）保护性杀菌剂。在植物发病前施用于可能受害的部位，消灭病原微生物或防止病原微生物侵入，保护植物免受病原微生物危害，目前用于预防病原微生物的发生与传播。这类药剂不易使病原微生物产生抗药性，但必须在植物发病前施用，一旦病原微生物侵入植物体内再施用，则效果会很差，甚至无效。常见的保护性杀菌剂有波尔多液、代森锌、硫酸铜、代森锰锌、百菌清等。

2）治疗性杀菌剂。植物被侵染但症状未显现之前施用，药剂通过内吸进入植物体内，对植物体内的病原微生物产生抑制或消灭的效果，使植物消除病症，恢复健康。治疗性杀菌剂可实现保护性杀菌剂达不到的治疗效果。常见的治疗性杀菌剂有甲基托布津、多菌灵等。

（3）除草剂按作用方式分类

1）选择性除草剂。选择性除草剂具有选择性，能杀死某些植物，而对另一些植物则安全无害。例如，敌稗可杀伤稗草，但不会伤及水稻。

2）灭生性除草剂。灭生性除草剂缺乏选择性，或选择性小，能杀死绝大多数绿色植物。常见的灭生型除草剂有草铵膦或草甘膦等。

二、施药方法

不同农药的剂型特点和防治要求不同，所以要选择合适的施药方法。常用的施药方法如下。

1. 喷雾法

将农药制剂加水稀释或直接利用农药液体制剂，用喷雾器械将液态农药雾化成雾滴喷施到农作物或施用对象表面，这种施药方法叫喷雾法。雾化的原理主要有液力式雾化、气力式雾化和离心式雾化。适用这种施药方法的剂型有可湿性粉剂、可溶性粉剂、乳油、胶悬剂、水剂、油剂等。目前，喷雾法应用最为广泛，喷雾效果取决于喷雾方法和喷雾器械的雾化能力。

2. 包衣法

在种子外包覆一层用杀虫剂或杀菌剂制成的药膜，使药剂缓慢释放出来，这种施药方法叫包衣法。保护种子萌发及后期生长发育不受病虫害影响。

3. 拌种法

将药剂与种子按照使用要求用拌种器混拌均匀，使种子外面包上一层药粉或药膜，这种施药方法叫拌种法。拌种法分为干拌法和湿拌法两种。干拌法可直接利用药粉；湿拌法则需要确定药量后再加少量水。拌种处理过的种子最好放置1~2天，使种子吸收更多的药剂，达到较好的防治效果。

4. 喷粉法

用喷粉器械所产生的风力将低浓度或用细土稀释的农药粉剂吹出分散并沉降于植物体表，这种施药方法叫喷粉法。喷粉法施药操作简单，工作效率高，不受水源限制，适用于干旱缺水的地区，但药粉易被风吹散或被雨水冲刷，且施药时粉尘飘移易污染环境和影响施药人员健康。

5. 撒施颗粒法

用手或撒粒机施用颗粒剂，这种施药方法叫撒施颗粒法。适用于土壤、水田和农作物的心叶（如玉米、甘蔗、凤梨等的心叶喇叭口内）施药。撒施颗粒剂操作方法简单，工效高，减少了飘移污染，徒手抛洒低毒药剂时也要做好防护措施。

6. 熏蒸法

使用气态熏蒸剂防治病虫害，这种施药方法叫熏蒸法。分为空间熏蒸法和土壤熏蒸法两种：空间熏蒸法主要用于仓库或为待处理对象搭造的帐幕；土壤熏蒸法主要用于防治地下害虫和土壤杀菌等。熏蒸可以使药剂分散均匀，但操作危险，须由专业人员操作，操作前要做好防护措施。

7. 烟雾法

利用烟剂农药产生的烟来防治有害生物，这种施药方法叫烟雾法。此方法适用于防治虫害、病害或鼠害，不能用于防治杂草。烟剂释放的极细固体颗粒在空间内扩散，可缓慢沉降到防治对象的各个部位，包括植物叶片的背面。主要用于封闭的小环境，如仓库、温室等。

8. 土壤施药法

土壤施药法是除土壤熏蒸法外应用最普遍的土壤处理方法。具体施药方法：将药剂撒施在土层表面，或先撒施在绿肥作物上后翻耕入土，或在植株根部开沟撒施，或进行药液灌注，以达到杀死病虫或抑制土壤中病虫害的目的。

9. 涂抹施药法

向农药制剂中加入固着剂和水调制成糊状物，用毛刷点涂在作物茎、叶等部位，以防治病虫害，这种施药方法叫涂抹施药法。涂抹施药法所用的药剂必须是具有内吸性的药剂。果树病虫害防治中的包扎法与此法类似，用此法在大田作物中施药费时费力，且容易遗漏。

除上述施药方法外，还有灌根法、毒土法、毒饵法、注入法等，选择科学合理的施药方法，不仅可以提高农药的有效利用率，还可以尽量地保护有益生物和生态环境，所以在农药的使用中要正确选择施药方法。

三、农药的稀释

1. 农药稀释的方法

除低浓度的粉剂和颗粒剂可以直接喷粉和撒施外，一般的商品农药都要经过稀释才可施用。不同的农药剂型也有着不同的稀释方法。

（1）一般的粉剂农药。一般的粉剂农药在使用时不需稀释，但当喷粉作业由于作物生长而不好操作时，为了提高施药的效率，可以在粉剂农药中混入一定量的填充料（如草木灰、干细沙等）。在稀释过程中一定要注意采取安全防护措施，以免发生中毒事故。

（2）可湿性粉剂农药。通常先用少量水配制成较浓的母液，然后再倒入桶中进行稀释，这样分两步操作。如果一次性加够稀释剂，粉粒往往会聚在一起，难以充分溶解。采用两步操作法需要注意，两次的用水量要等于所需用水的总量，否则将会影响配制药液的浓度。

（3）液体农药。液体农药的稀释方法，要根据药液量及药剂活性来定。药液量少的可直接进行稀释；如果药液量多，须采用两步稀释法，这样可以更好地溶解农药，使药液分布均匀，提高施药效果。

（4）颗粒剂农药。颗粒剂一般毒性较高，且经常采用人工撒施的施药方式，而不正规的操作可能使施药者发生中毒或使作物发生药害，所以施药时一般都需要稀释。可采用干燥均匀的细沙或中性化学肥料作为填充料，使用时只要将颗粒剂与填充料充分拌匀即可。

2. 农药稀释的有关计算

配制一定浓度的药液,应首先按所需稀释药液用量计算出商品农药用量及水(或其他稀释剂)的用量,然后进行稀释。计算时,应注意所用单位要统一。

(1)稀释倍数(有两种计算方法)

稀释倍数=制剂浓度÷稀释后药液浓度

稀释倍数=药液用量÷制剂用量

(2)求商品农药制剂的用量

制剂用量=(稀释后药液用量×稀释后药液浓度)÷制剂浓度

例:配制 50 kg 浓度为 1%的多菌灵药液喷雾,需要有效成分含量 50%的多菌灵可湿性粉剂多少?

计算:50×1%÷50%=1(kg)

(3)求稀释剂的用量

$$\text{稀释剂用量} = \left(\text{制剂用量} \times \text{制剂浓度}\right) \div \text{稀释后药液浓度} - \text{制剂用量}$$

如果稀释倍数在 100 倍以内,要考虑制剂用量;如果稀释倍数在 100 倍以上的,可以忽略制剂用量。例如,稀释 50 倍,则原制剂 1 份,加入稀释剂 49 份;稀释 500 倍,则原制剂 1 份,加入稀释剂 500 份。

例:将有效成分含量 80%的代森锰锌可湿性粉剂 0.5 kg 配制成浓度为 1%的药液,需要加多少水?

计算:加水量=(0.5×80%)÷1%-0.5=39.5(kg)

例:将有效成分含量 80%的代森锰锌可湿性粉剂 0.5 kg 配制成浓度为 0.1%的药液,需要加多少水?

计算:加水量=(0.5×80%)÷0.1%=400(kg)

3. 农药稀释的注意事项

(1)不能用井水配制农药。井水含矿物质较多,这些矿物质与农药混合后易产生化学作用，形成沉淀，降低药效。

（2）不能用易混浊的活水配制农药。

（3）不能随意加大和降低农药用量。

四、农药的使用原则

1. 正确选药

应根据防治对象选择相应的农药品种和剂型，并尽量选择对有益生物无害或伤害小的药剂。

2. 适时用药

适时用药是做好病虫防治的关键。许多病虫草鼠害都有相应的防治指标，应做好病情、虫情等的测报工作，选择防治目标最敏感或者生命力最薄弱的时期用药，以达到最好的防治效果。

3. 适量用药

应按农药说明书的用量使用，不能任意加大用量或减少用量。超过用量不仅容易造成浪费，还容易产生药害，引起人畜中毒，加快抗药性的产生，造成环境污染。

4. 选用适当的施用方法

应根据所选择药剂的理化特点和防治对象的不同特点选择合适的施药方法。粉剂不能喷雾使用，可湿性粉剂不能喷粉使用；对光敏感的辛硫磷，拌种比喷雾效果好；防治地下害虫宜采用灌注、撒毒土、拌种等方法。

5. 合理混用

合理混用可兼治多种有害生物，扩大使用范围，省工省时，可以提高药效，延缓有害生物抗药性的发生，降低药剂毒性和减少药害。

6. 轮换用药

长期使用单一品种的农药容易使有害生物产生抗药性，所以应尽量轮换用药。

五、农药的运输和安全保管

1. 农药的运输

（1）运输农药前首先要了解运输的是什么农药，毒性怎样，有什么注意事项及有关中毒防治的知识等，做到会防毒，发生事故会处理。

（2）运输前要检查包装，如发现破损，要改换包装或修补，防止农药渗漏。损坏的药瓶、纸袋要集中保管，统一处理，不能乱扔，以免引起人畜中毒或造成农药污染。

（3）专车、专船运输，不与食品、饲料、种子、生活用品等混装。

（4）装卸时要轻拿轻放，不得倒置，严防碰撞。装车时应堆放整齐，重不压轻，标记向外，箱口朝上，放稳扎妥。

（5）装卸和运输人员在工作时要做好安全防护、戴口罩、手套，穿长衣裤。若农药污染皮肤，应立即用肥皂和水清洗。工作期间不抽烟、不喝水、不吃东西。

（6）运输必须安全、及时、准确。要正确选择路线，速度不宜过快，防止发生事故。运输途中休息时，应将车、船停靠在阴凉处（以防止暴晒），并确保其位置距离居民区至少 200 m。要经常检查包装情况，防止散包、破包或破箱、破瓶出现。雨天运输时车、船上要有防雨设施，避免雨淋。

（7）搬运完毕，运输工具要及时清洗消毒，搬运人员应及时洗澡、换衣。

2. 农药的安全保管

（1）农药仓库结构要牢固，门窗要严密，库房内要阴凉、干燥、通风，并有防火、防潮措施，防止受潮、阳光直晒和高温影响。

(2) 农药必须单独储存，绝对不能和粮食、种子、饲料、食品等混放，也不能与烧碱、石灰、化肥等混放在一起。另外，禁止把汽油、煤油、柴油等易燃物放在农药仓库内。如果将农药与化肥混放，环境又比较潮湿，一些化肥如碳酸氢铵分解挥发时产生的氨气，会与仓库内的水蒸气反应，导致仓库内出现一定量的氢氧化铵，它可能会使农药失效，进而降低防治效果。一些化肥如硝酸铵等属于易制爆危险化学品，在高温下会分解发热，遇到乳油类农药就会燃烧，遇到汽油、煤油、柴油等易燃物则更加危险。一些化肥如过磷酸钙等酸性化肥在储存过程中游离酸会挥发出来，使仓库内潮湿空气呈酸性，酸性气体会腐蚀损坏农药包装，造成搬运困难。

(3) 要分品种堆放农药，严防破损、渗漏。农药堆放高度不宜超过 2 m，防止倒塌和下层药粉受压结块。对于高毒农药和除草剂要分别放于专仓保管，以免引起中毒或药害事故。

(4) 各种农药进出库时都要记账入册，并根据农药先进先出的原则使用，防止农药储存多年而失效。挥发性大和性能不太稳定的农药，不能长期储存。

(5) 用户自家储存时，要将农药单放在一间房内，防止儿童接近。最好将农药锁在一个单独的柜子或箱子里，不要放在容易使人误食或误饮的地方。一定要将农药放于原包装中，并储存在干燥的地方。要注意远离火种和避免阳光直射。

(6) 根据不同剂型农药的储存特点，采取相应措施妥善保管。

1) 液体农药，如乳油等，特点是易挥发，在储存时重点是隔热防晒，避免高温。堆放时应注意箱口朝上，保持干燥通风。

2) 固体农药，如粉剂、颗粒剂、片剂等，特点是吸湿性强，易发生变质。储存时的保管重点是防潮隔湿，特别是梅雨季节要经常检查，发现有受潮农药，应移到阴凉通风处摊开晾干，重新包装，不可阳光直晒。固体农药一般不能与碱性物质接触，以免失效。

3）压缩气体农药，如溴甲烷，本身不易燃、不易爆，但在高温、撞击、震动等外力影响下，会引起爆炸。

4）微生物农药，如苏云金杆菌、井冈霉素、赤霉素等，特点是不耐高温，不耐储存，容易吸湿霉变，失活失效，所以宜在低温干燥的环境中储存，而且储存时间不宜超过2年。

模块5 农业机械

一、农业机械的分类

农业机械是指用于农业生产的各种机械设备。根据不同的功能和用途，农业机械可以分为以下几类。

1. 耕作机械

耕作机械主要包括犁整机、耙整机、耕整机等，用于松耕（深松耕见图1-6）、表土整平（见图1-7）等作业。

2. 播种机械

播种机械主要包括播种机、插秧机等，用于播种、插秧、半干式种植等作业。现在规模化种植都可以实现多项作业一体化完成，如棉花滴灌带覆膜、播种一体化作业（见图1-8）。

3. 农业收获机械

农业收获机械主要包括收割机、脱粒机、打捆机、插秧机等，用于收获各种农作物，进行脱粒、打捆等作业。

4. 农产品加工机械

农产品加工机械主要包括磨粉机、压油机、破碎机、分离机等，用于对农产品进行加工处理，如完成制粉、榨油、破碎等作业。

图1-6 深松耕　　　　　　图1-7 表土整平

图1-8 棉花滴灌带覆膜、播种一体化作业

5. 农田建设及保护机械

农田建设及保护机械主要包括水泵、灌溉机、防护网、喷雾器等，用于农田建设和保护，如完成水利灌溉、农药喷洒等作业。

6. 家畜养殖机械

家畜养殖机械主要包括割草机、饲料机、清洗机等，用于畜牧业生产中的饲养、清洗等操作。

二、我国农业机械化现状

近年来，我国农业机械化水平不断提升，但仍存在一些薄弱环节和问题需要关注和解决。

1. 我国农业机械发展速度

（1）农业机械保有量持续增长，机械化率不断提高。根据国家统计局、农业农村部数据，2013—2021年全国农业机械总动力年均增长0.6%，农用大中型拖拉机保有量498万台，小型拖拉机保有量1 674万台。农业机械的广泛应用带动我国农业生产机械化率快速提升，2021年全国农作物耕种收综合机械化率超过71%，其中小麦、玉米、水稻三大粮食作物耕种收综合机械化率分别达到97%、90%和84%，畜牧养殖和水产养殖机械化率分别达到36%和32%，我国农业生产已进入以机械化为主导的新发展阶段。

（2）农业机械装备水平大幅度提升。随着科技创新和政策推动，我国在大型拖拉机、联合收割机等领域取得了突破性进展，产品向大型化、高效化发展，自动化、精细化能力不断提升，采用了激光控制平地技术、卫星定位技术和传感器的农机产品开始大量在市场上出现。在智能化方面，已经实现播种收割、远程监测、航拍测绘、播撒农药等多个场景的无人驾驶应用。

2. 薄弱环节和问题

（1）结构不合理，薄弱环节突出。我国农业机械保有量和总动力居世界前列，但是在结构上却存在一定程度的失衡：一是在品种结构上偏重于通用型而忽视专用型，在规格结构上偏重于大型而忽视小型，在功能结构上偏重于单一而忽视复合；二是在区域结构上东西部发展不平衡，在产业结构上主粮与非主粮发展不平衡，在生产环节上种植与收获发展不平衡。

（2）企业创新能力不足，缺乏核心技术。我国农业机械制造企业在技术创新方面与世界上同类企业的先进者相比还存在较大差距。一方面，受规模和利润影响，企业科研经费投入不足，缺少研发人员，设施相对落后；另一方面，企业缺乏自主创新意识和能力，对市场需求和用户反馈不敏感，往往满足于短期效益，在技术应用和产品规格上倾向于模仿或跟风，在一些关键领域和核心技术上还依赖于对外合作或进口。

（3）产品质量不够稳定，安全与可靠性差。我国农业机械制造企业，特别是其中的民营企业，多为中小规模，技术水平和管理水平参差不齐，抵抗市场风险的能力较低，导致产品质量不稳定，可靠性差，一些产品存在零部件质量低劣、配套不完善、故障率高等问题，影响了农业机械装备整体的使用效果和寿命。

（4）市场竞争激烈，行业集中度低。由于行业准入门槛较低，我国农业机械市场竞争十分激烈，再加上市场监管覆盖面不足，导致市场上出现大量的低价位、低品质的产品，既挤占了优质产品的市场空间，又损害了消费者的利益。同时，由于行业内企业数量众多、规模较小、分散经营，缺乏必要的沟通与合作，导致行业集中度低、资源配置效率低。

三、我国重点推广的农业机械化技术

农业农村部组织遴选出 2023 年农业重大引领性技术 10 项、主导品种 143 个、主推技术 176 项。176 项农业主推技术，大多离不开农业机械化，充分体现出农业机械化技术在提升全国主要作物大面积单产中的重要作用。10 项农业重大引领性技术中，与机械紧密结合的 7 项技术如下。

1. 大豆玉米带状复合种植全程机械化技术。
2. 玉米密植滴灌水肥精准调控技术。
3. 玉米探墒播种抗旱保苗艺机一体化技术。

4. 北方旱地玉米深松一次分层施肥增产技术。
5. 水稻全程绿色智慧施肥技术。
6. 小麦条锈病智能化监测预警技术。
7. 花生玉米机械化带状种植秸秆裹包混贮利用技术。

第2单元 播前准备与播种

模块1 土壤耕作

土壤耕作是指通过将农机具的机械力量作用于土壤,调整耕作层和地面状况,以调节土壤水分、空气、温度和养分的关系,为作物播种、出苗和生长发育提供适宜的土壤环境的一项农业技术措施。

一、土壤耕作的主要作用

土壤耕作的主要作用:为作物生长发育创造适宜的土壤表层条件,并构建出良好的耕层结构;掩埋前作物残茬和土壤表面的肥料,为作物播种提供良好的播床;防除、抑制杂草和病虫害;熟化土壤和保蓄水分。

二、土壤耕作技术分类

1. 传统土壤耕作技术

传统土壤耕作技术可分为基本耕作和表土耕作两大类型。基本耕作入土较深,作用较强,能显著改变耕作层的物理性状,是后效较长的一类耕作技术。表土耕作是在基本耕作基础上进行的,入土较浅,作用强度小,是为作物播种出苗和生长发育创造良好条件的一类土壤耕作技术。

(1) 基本耕作。土壤基本耕作包括翻耕、深松耕和旋耕。

1) 翻耕。翻耕使用的农具是有壁犁,它具有翻土、松土、碎土的作用,还有翻埋肥料、作物根茬、杂草的作用,可增加土壤的通透性,促进好气性微生物的活动和土壤有机质的矿质化。翻耕对土壤影响大,作用面广,消耗动力多。它不但影响当季作物,有时也影响以后几季乃至几年的作物。

2) 深松耕。深松耕使用的农具是无壁犁、深松铲或凿形铲,指在作物生长的适当时期对耕层进行全面或间隔的深位松土。深松耕与翻耕相比,深松耕不翻转土层,只松土不翻土,土壤微生物区系不会乱。深松耕有助于打破犁底层,加深耕层,有利于作物根系的下扎和扩展延长;保持地面被植物残茬覆盖,防止土壤风蚀,减少土壤水分蒸发,土壤渗水速率高,雨水多时可以大量积蓄水分,抗旱防涝。盐碱地深松耕,可以保持脱盐土层位置不变,减轻盐碱危害。

深松耕的深度(一般为 25~30 cm,最深可达 50 cm)取决于机械水平、作物根系特点、气候、土壤等因素。由于深松耕不能翻埋肥料、残茬、杂草等,地面会比较粗糙,故最好翻耕与深松耕交替进行,相互补充。深松耕适用于干旱半干旱地区和丘陵地区,以及耕层土壤薄、不宜翻耕的盐碱土、白浆土地区。

3) 旋耕。旋耕使用的农具是旋耕犁,利用犁刀的高速旋转对耕层土壤进行切割、破碎、混合。旋耕深度一般为 10~12 cm。旋耕能松土,能碎土,又能使地面平整,但在降雨和灌水后土壤容易变紧。旋耕多用于农时紧迫的多熟地区和农田土壤含水量高、难以翻耕地块。旋耕可用于水田或旱地,集犁、耙、平地于一体,一次作业后,接着就可以进行旱地播种或水田插秧,省时省工,成本低。对于杂草多的地块,由于无翻耕作用,防除效果较差;多年连续单纯旋耕,易导致耕层变浅、土壤理化性状变劣;旋耕应与翻耕轮换或结合

（2）表土耕作。表土耕作是配合基本耕作进行的辅助性耕作措施，包括耙地、耱地、起垄、做畦、镇压、中耕、培土等。表土耕作入土较浅，作用强度小，主要对翻耕后的土体在 0~10 cm 耕层内做进一步整理，改善地面状况，以创造适于作物播种、出苗或栽植的土壤环境。

1）耙地。耙地是在翻耕后播种前，甚至播种后出苗前、幼苗期进行的一种表土耕作措施，深度一般为 5~10 cm。具有耙松表土、混拌肥料、减少蒸发和抗旱保墒等作用。耙地常用的农机具有圆盘耙、钉齿耙、振动耙和缺口耙等。圆盘耙主要用于收获后浅耕灭茬和翻耕后破碎土垡、平整地面。钉齿耙常用于播种后出苗前破除板结，还用于收后灭茬。振动耙主要用于翻耕或深松耕后整地，整地质量好于圆盘耙。缺口耙入土较深，可达 14 cm，所以常用缺口耙耙地来代替翻耕。

2）耱地。耱地又称盖地、擦地、耢地，是用拖拉机或役畜拖动耱（由荆条或柳条编织而成）在地表行走将地面耱平。耱地常与耙地、播种联合作业，可以将耙齿或开沟器形成的播种沟耱平，使种子与土壤接触紧密，并在耕层表面形成一层薄薄的干土覆盖层，利于保墒。耱地的作用深度一般在表土 3 cm 以内，多用于北方干旱、半干旱地区或轻质土壤，多雨地区或土壤潮湿时不宜采用。

3）起垄。起垄是垄作的一项主要作业，垄是用犁开沟培土而成的，垄宽一般为 50~70 cm，具体垄宽视当地耕作习惯、种植的作物以及作业工具而定。起垄可以起到防风排涝、提高地温、保持水土、改善土壤透气性等作用，在高纬度地区和山区被广泛采用。起垄方式有小垄单行、大垄双行、大垄单行等，垄作次序有先起垄后播种、边起垄边播种、先播种后起垄等做法。这些方式和次序各有特点，要因地制宜选用。

4）做畦。我国农业生产中常见两种畦——平畦和高畦。北方干旱少雨，常做平畦，四周做埂，以提高灌溉质量。南方雨水多、地下水位高，开沟做高畦是排水防涝的重要措施。做畦一般结合整地进行，畦宽和沟深因雨水多少、地势、土质不同而异。雨水多，地下水位高，土质黏重，排水不良，宜采用深沟窄畦，畦宽不宜超过1.3 m；反之，采用浅沟宽畦。

5）镇压。镇压是利用镇压器（铁制或石制，多为圆柱形，也有八棱柱形）的重力作用于土壤表层的耕作措施，一般在播种前或播种后进行，能够压紧耕层，压碎土块，平整地面，具有减轻水分蒸发，引墒反润，使种子与土壤紧密接触，促进吸水发芽的作用。作用深度一般为3~4 cm，重型镇压器的作用深度可达9 cm。镇压多用于土壤过于疏松、耕层缺墒，以及耙地质量差、大土块多的地块，是北方旱作农业区的一项辅助性表土耕作措施。还用于冬作物的田间管理，如填补田间裂缝、防止作物徒长等。但镇压如果运用不当，会引起一些不良后果，如在黏土地或过湿的土壤上镇压会使土壤板结，在盐碱地上镇压会加重土壤返盐。

6）中耕。中耕是在作物生育期间，在行间、株间锄松或耙松表土层的表土耕作措施，具有松土、除草、破除板结、增加土壤透气性、增温和晾墒保墒的作用。中耕深度在作物生长期按浅、深、浅原则进行。在作物苗期，根系入土浅，中耕也宜浅（中耕深度为3~5 cm），深则易伤苗。在作物生育中期，根系已下扎，可加深中耕深度（中耕深度为10 cm左右）。接近封行（通俗地讲就是作物长到一定程度，叶面积增大，把地面全部覆盖，看不到行间的地面了）时，根系已大量向纵横方向发展，中耕又要浅，以避免伤根。

7）培土。培土是把作物行间的土壤培到植株基部的措施，常与中耕结合进行。培土能起到固定植株、防止倒伏的作用，并有利于提高地温、改善土壤透气性、促进作物上层根系的生长（特别是玉米、高粱等作物的气生根的生长），以及块根、块茎的发育。另外，培土还有利于覆盖肥料、压埋杂草、灌溉和排水。

2. 现代土壤耕作技术

传统的耕作技术，要在农田耕作层上实施翻耕、耙、耱、中耕、培土等多项措施，频繁耕作不仅增加生产成本，而且易造成土壤结构破坏（如耕层土壤致密、犁底层变厚等）。采用传统耕作技术的干旱多风地区及坡地，土壤风蚀和水土流失严重。一些发达国家自20世纪50年代开始探索减少耕作次数和强度的方法，少耕法和免耕法便应运而生，并逐渐在许多国家开始广泛地进行试验研究和推广。

（1）少耕法。少耕法是指在一定生产周期内合理减少土壤耕作次数或在全田间隔耕作以减少耕作面积的一类耕作方法，是介于常规耕作和免耕之间的中间类型。多种作业一次完成的联合作业、以局部深松耕代替全面翻耕、以耙茬旋耕代替翻耕、在季节间和年份间轮耕、间隔带状耕种、减少中耕次数等，均属少耕范畴。

（2）免耕法。免耕法是指在播种前不进行基本耕作和表土耕作，直接在板茬地上播种，播种后和作物生长期间不使用农具进行土壤管理的一种耕作方法。免耕法一般由三个基本环节组成：利用前作残茬或播种牧草作为覆盖物；采用联合作业的免耕播种机开沟、喷药、施肥、播种、覆土、镇压，一次完成作业；应用广谱性除草剂于播种前后或播种时进行土壤处理。

与传统耕作相比，少耕、免耕的优点主要表现为：地面有残茬、秸秆、牧草等覆盖物，可减轻土壤的水蚀、风蚀，减少水分蒸发；土壤结构因少耕或免耕而不被破坏；有利于有益微生物的繁殖，表土层中有机质含量增加；降低了生产成本；减少了农耗时间，这在多熟区尤为重要，有利于扩大复种面积，提高复种指数。少耕和免耕也存在一些问题：由于地面有覆盖物，地温较低，导致作物播种、出苗推迟；作物残茬及其伴生性杂草残留地面，导致病虫草害严重；

地表有机物质含量较高，在分解过程中易产生对作物根系生育有抑制和毒害作用的物质，影响根系生长。

模块2　种子准备

一、选种

应根据当地自然条件、生产条件和栽培管理水平，结合当地种植制度，选择适宜的优良品种。一般来说，一个地区应选择1个主栽品种和2~3个搭配品种。主栽品种要高产、稳产、抗逆性好，搭配品种要适应当地不同地势、土壤肥力、播期、病虫等自然灾害特点，可以趋利避害，减少自然灾害损失，又可调节劳力、畜力和农机矛盾。

对选好的品种进行种子清选，一般要求纯度在98%以上，净度大于96%。收获的种子多混有泥土、茎叶、草籽及虫瘿等，还有空、秕、机械损伤和病虫危害籽粒，务必在播前进行种子清选，以保证种子生命力强、粒大饱满、无病虫害、纯度和净度高、发芽和出苗整齐一致，为培育壮苗打下基础。

二、晒种

种子是有生命的活体，在储藏期间处于休眠状态，生理代谢活动微弱。播种前晒种1~2天，可以促进种子后熟，打破休眠，增强种子内酶的活性，提高种子的生活力，增强种皮的透性，有提高发芽率和发芽势的作用。太阳光谱中的短波光和紫外线具有杀菌能力，晒种时要经常翻动，以达到最佳杀菌效果。切忌将种子摊在水泥地上或铁板上晾晒，以免局部受热过度，烫坏种子，影响发芽。

三、发芽试验

作为播种材料的种子，其发芽率应不低于95%。播种前需要进行发芽试验，为确定合适的播种量提供依据。

选择饱满而有光泽的种子，用温水浸泡8~10 h，让种子吸水膨大，把浸泡好的种子放入纱布袋或纸巾内包裹起来，以保持潮湿状态。准备细沙（或者湿润的纸巾）、水溶性肥料、清水。将预处理好的种子均匀地放置到玻璃皿中，在种子周围均匀地撒上一层薄薄的细沙，覆盖在种子表面，在浇水前检查细沙的湿度，如果干燥先浇适量水，将玻璃皿移至光照充足、通风良好的地方，保持适宜的温度和湿度。在种子发芽后的第7~10天观察和记录种子发芽率。

四、种子处理

有许多病虫害是通过种子传播的，如水稻的恶苗病、稻瘟病、白叶枯病、干尖线虫病、稻粒黑粉病，棉花的炭疽病、枯萎病、黄萎病，油菜的霜霉病、白锈病等。所以，对种子进行消毒处理，可把病虫消灭在播种之前。种子常用的消毒方法如下。

1. 浸种

不同种子应选用不同的药剂浸种，如每千克种子用100~200 mg的农用链霉素浸种24 h可防治水稻白叶枯病；用0.5%的多菌灵浸泡棉花毛籽24 h，对防治枯萎病、黄萎病均有良好效果；用0.01%的"402"（乙基硫代磺酸乙酯）药液浸种48 h，可防治水稻烂秧、稻瘟病、恶苗病，小麦腥黑穗病，棉花炭疽病、立枯病、枯萎病、黄萎病等。其他常用的浸种药剂有强氯精、浸丰、咪鲜胺等。

2. 拌种

用药剂拌种可使种子表面附着药剂，从而杀灭附着于种子及幼苗周围的病菌，并防范地下害虫的侵害。拌种常用的杀菌剂有多菌灵、粉锈宁、克菌丹、托布津、敌克松、福美双、拌种双等。

3. 包衣

包衣是国内外普遍采用的种子处理技术，集农药浸种、拌种、施肥等措施为一体。可将杀虫剂、杀菌剂、植物生长调节剂、抗旱剂、微肥等与适当的助剂一起复配成包衣剂，对种子进行包衣。包衣剂能有效控制通过种子和土壤传播的病菌及害虫，提供作物苗期生长的养分，促进种子发芽出苗。种子包衣可以代替播种前种子处理全过程，既能节约成本，又能提高种子处理的效果。包衣剂的成分可根据作物、土壤病虫害情况而选择。

模块 3 农资准备

农资是农业生产的关键要素，其质量、数量和使用效率直接影响农业生产的效果和可持续性。农资准备是农业生产的关键环节，涉及农业机械、肥料、农药、种子等多个方面。通过科学、合理的农资准备，可以提高农业生产效率，降低生产成本，保障粮食安全和生态环境。

一、农业机械准备

农业机械是现代农业生产的重要工具，合理配置和维护农业机械对提高生产效率和降低生产成本具有重要作用。农业机械准备应注意以下几点。

1. 选择适宜的农业机械

根据农作物种植规模、生产条件和劳动力状况，选择合适的播种、施肥、收割等农业机械。

2. 农业机械维护

定期对农业机械进行维护，确保其正常运行。

3. 操作培训

加强对农业机械操作人员的培训，提高其操作技能和安全意识。

二、肥料准备

肥料是农业生产的重要物资，合理使用肥料对农作物的生长发育具有关键作用。肥料准备应注意以下几点。

1. 确定肥料类型

根据农作物的需肥特点和土壤肥力状况，选择适当的氮、磷、钾肥等肥料。

2. 确保肥料质量

购买经检测合格的肥料产品，避免使用劣质肥料。

3. 精准施肥

根据土壤测试结果和农作物需肥规律，制订合理的施肥方案。

三、农药准备

农药是防治病虫草害的重要"武器"，合理使用农药对保障农业生产和生态安全具有重要意义。农药准备应遵循以下原则。

1. 确定农药类型

针对不同病虫草害，选择高效、低毒、低残留的农药。

2. 确保农药质量

购买经检测合格的农药产品，遵循农药使用安全规范。

3. 合理施药

根据病虫害发生规律和农药使用说明，制订科学的施药方案，避免滥用农药。

四、种子准备

种子是农业生产的基础，可对农作物的生长和产量产生重要影响。种子准备应关注以下几个方面。

1. 确定种子类型

根据当地的气候、土壤条件和市场需求，选择适宜的农作物种子。

2. 确保种子质量

购买经检测合格、具有良好生育力和病虫害抗性的种子。

3. 种子储存

将种子储存在干燥、通风、避光的环境中，以保持种子活力。

模块 4　播种

一、播种期的确定

播种期一般应根据气候条件、品种特性、种植制度、土壤水分等情况综合考虑，合理安排。

1. 气候条件

温度、日照、降水等气象要素及灾害性天气出现的时段都是确定播种期的依据。例如，早春气温回升的快慢、秋季霜冻来临的时间、作物生育期间对温度的要求等，都会影响作物播种期。其中，气温和土温是影响播种期的主要因素。春季作物如果播种过早，易受低温和晚霜危害，不易出全苗；播种过迟，前期营养生长不足或延误最佳生长季节，也不易获得高产。通常以当地气温或土温能满足作物发芽要求时，作为最早播种期。例如，以日平均气温稳定在 10 ℃（粳稻）或 12 ℃（籼稻）的日期，作为水稻的最早播种期；

以 10 cm 土温稳定在 10~12 ℃ 的日期，作为春播玉米的适宜播种期；以 5 cm 土温稳定在 12~14 ℃ 的日期，作为棉花的最早播种期。

2. 品种特性

作物品种不同，生育特性不同，安排播种期应有差异。一般晚熟品种，生育期长，宜早播；早熟品种，生育期短，宜晚播。春性强的冬小麦、油菜品种要适当晚播，早播易引起早拔节、抽薹，进而遭受严重冻害，导致产量降低。反之，冬性强的品种要适当早播，利于发挥品种特性，提高产量。

3. 种植制度

选择播种期要考虑当地的种植制度。对一年多熟的地区，收种时间紧，季节性强，播种过早或过迟，不仅影响当季作物的产量，对下茬作物播种也不利。育苗移栽可提早播种，充分利用当地的生长季节。如果育苗移栽，要考虑播种期、苗龄、移栽期的合理衔接。套作种植作物的播种期除了要考虑上下茬作物接茬，还要考虑共生期长短及前茬作物收获。

4. 土壤水分

土壤水分状况也会影响播种期。在适宜播种期内土壤过湿，会影响整地播种质量，应适当推迟播种，避免烂种烂根。如已过适宜播种期，应抢早播种，播后加强水分管理，进行弥补。种子萌发所需要的土壤相对含水量一般为 70%~75%。

二、播种量的确定

播种量的多少，直接决定了单位面积基本苗的多少，也就是决定了种植密度的大小。播种量是作物群体生长发育、动态发展的基础。

1. 确定播种量的一般原则

确定播种量应根据气候条件、生产条件、病虫草害情况、作物种类和品种类型、种植方式、收获目的等综合考虑。

（1）一般在温度高、雨量充沛、相对湿度较大、生长季节长的地区，作物植株较高大，分蘖、分枝较多，密度宜小些，播种量也宜小些；反之，密度宜大些，播种量也宜大些。

（2）土壤肥沃或施肥水平高的土地上，植株生长繁茂，分蘖、分枝较多，易发挥单株生产力，密度宜小些，播种量也宜小些；土壤贫瘠或施肥少的，植株生长较差，宜适当增大播种量，依靠群体生产力提高产量。

（3）灌溉条件好、水分供应充分时，播种量宜小些，无灌溉条件的则宜适当增大播种量。

（4）病虫草等危害严重时，播种量宜适当增加；反之，宜减少。

（5）应根据作物种类和品种类型考虑种植密度和播种量。作物种类和品种类型不同，植株形态特征和生长习性都有很大差异。例如：玉米植株高大；小麦植株矮小；棉花具有分枝，株型可分为三种（见图2-1）。玉米有紧凑型和平展型之分，水稻、小麦的分蘖力有强有弱，大豆有无限、有限和亚有限三种开花结荚习性。紧凑型作物播种量宜大些。

a) b) c)

图2-1　不同株型棉花
a) 松散型　b) 中间型　c) 紧凑型

（6）种植方式不同，播种量应不同。一般撒播的植株较分散，播种量可适当大些。条播植株相对集中，应适当减小播种量。条播中采用大小行播种的，播种量可比等行距的适当大些。点播的播种量应比撒播和条播的播种量小些。

（7）收获目的不同，播种量也不同。以茎、叶等营养体为收获目的的作物，播种量宜大些；以种子收获为目的，尤其是以加大种子繁殖倍数为目的的，播种量宜小些。

2. 确定播种量的方法

掌握适宜的播种量，是合理密植的起点。确定小麦播种量的"以田定产、以产定穗、以穗定苗、以苗定籽"四定办法，可以在其他作物上借鉴应用。根据土壤肥力和管理水平，确定地块的目标产量→对穗粒重做出估计，确定收获穗数→对单株成穗率做出估计，确定基本苗数→根据种子千粒重、发芽率和田间出苗率，计算出单位面积播种量。

三、播种方式的确定

播种方式是指作物种子和幼苗在单位面积上的分布状况，又称株行配置。合理的播种方式或栽植方式能充分利用土地和空间，优化植株的营养面积分配，有利于作物生长发育，协调群体与个体的矛盾，提高产量，便于田间管理，提高工作效率。主要的播种方式有撒播、条播、点播和精播。

1. 撒播

整地后，把种子均匀地撒于田面，然后覆土镇压，这种播种方式称为撒播。撒播特别适用于土质黏重、整地粗放的土壤条件，尤其适合新开垦的土地、绿肥作物种植区域，以及需要较高播种密度以培育幼苗的田地（如水稻育秧田）。优点：省工、省时，操作简单，作物在苗期对光和土壤肥力的利用率较高。缺点：种子分布不均匀，覆土深浅不一，出苗率及成苗率低，幼苗生长不整齐；植株无行间相隔，不利于中耕、除草、施肥和防治病虫等田间管理。大田生产中一般不使用该方法。

2. 条播

在田间按作物生长所需行距开沟，把种子均匀播于沟内，再覆土镇压，这种播种方式称为条播。优点：种子在田间分布比较均匀，播种深浅一致，出苗整齐，通风透光良好，便于间套作、田间管理和机械化作业等。

3. 点播

点播是指按一定的行距、穴距开穴播种，所以这种播种方式又称穴播。优点：便于保证计划行株距和种植密度，便于集中施肥和田间管理，且种子入土深浅一致，出苗整齐，用种量少。适用于大粒种作物和稀植作物。

4. 精播

精播是在穴播的基础上发展起来的一种经济用种的播种方法。精播能将单粒种子按一定的距离和深度准确地播入土内，以获得均匀一致的发芽和生长条件。精播必须在精选种子、精细整地、控制病虫害以及使用性能良好的精播机等的基础上才能采用。可以减少出苗后间苗、定苗等环节。

第3单元 田间管理

模块1 中耕除草及作业质量检查

一、中耕除草作业概述

1. 定义

中耕除草一般指在作物生长中期铲地锄草,除了疏松表层土壤,还可起到培土防倒伏的作用,是种植农作物的过程中必不可少的一个环节。

2. 作用

中耕除草可以及时预防和消除农田杂草。中耕除草针对性强,干净彻底,技术简单,不但可以防除杂草,还能给作物提供良好的生长条件。另外,中耕可以增加土壤的渗透性,减少地表径流,节约灌溉用水。中耕锄草在土壤黏重、盐碱地区尤为重要。灌水或大雨后,待地表稍干时对地面适时进行锄划松土,有利于排湿保墒,可以增加土壤的透气性,有利于好气细菌的活动,增加土壤肥力,防止土壤板结,利于植物根系生长,并有效防止返盐和碱化。

二、中耕除草作业质量检查项目和方法

1. 中耕深度

每班作业检查2~3次,每次沿地头长边取2~3个点。检查时,

先将松土层的土壤弄平,再将尺插到松土层底部,测量其深度。测量数次取平均深度。平均深度以大于规定深度 1 cm 左右为宜,因为中耕后土壤会膨起。

2. 锄草情况

每班作业至少检查 3 次,每次在地块对角线上取 3~5 个点进行检查。凡是锄齿通过的地方,都应该将杂草锄净。如果还留有杂草,则应记下每米区域内存留杂草的数量。对于后续的每一次中耕作业,需特别关注并检查苗周边杂草的掩埋效果,确保无杂草滋扰作物生长。

3. 伤苗、压苗、埋苗情况

如果发现有伤苗、压苗、埋苗现象,应计其数量,并测量垄行长度,求出伤苗率。

4. 平整性

用平尺测量整个机组工作幅宽范围内地面的平整性,地面土沟的最大深度不应超过 4 cm。

5. 碎土情况

在深中耕及垄沟深松作业时,应仔细检查深松槽内的土块大小、土块数以及是否存在架空现象等,以确保作业质量。

模块 2 肥水调控

一、肥料调控

1. 施肥量

基肥施入时,因施肥量大,耕地前应撒播均匀,以免土壤肥力不均影响作物生长和成熟的一致性。基肥应施到作物根系分布密集区,施肥深度应一致(一般应以 10~20 cm 为宜),并充分覆盖土壤，以促进养分的有效吸收与利用。不同作物的需肥特性不同，施肥量也应不同。

2. 施肥时期

作物在不同的生长发育阶段，需肥量不同，所以施肥时期也应不同。

一般作物在苗期生长缓慢，需肥较少。开花以后，生长转旺，需肥增多。之后植株生长转弱，根系吸收能力也转弱，导致对肥料的吸收量也逐步减少。

3. 施肥比例

基肥、种肥与追肥在总施肥量中所占的比例，由气候、肥料质量、土壤肥力等因素决定。在干旱地区，肥料不易分解，基肥所占比例应较雨水多的地区高些；黏土保肥能力强，与砂土相比，基肥所占比例可以略大些；追肥多，基肥所占比例可小些，一般基肥、种肥用量以占总施肥量的60%~70%为宜。

二、水分调控

1. 灌水量

按照作物需水特性，应对田地及时、适量灌水。

2. 灌水时期

灌水时期与降雨量和作物种类有关。小麦在保证足墒播种的基础上，最佳灌水时期为拔节期、扬花期和灌浆期。水稻田须保持较高的土壤含水率，一般除成熟期外，土壤含水率不得低于田间持水率的70%，低于田间持水率80%的连续时间不能超过3~4天。棉花先灌水后旋耕，小畦灌溉，亩（1亩≈666.67 m^2）灌水50~60 m^3，灌水后3~5天当土壤含水量降至17%~19%时旋耕，后耙耱2~3遍，随即播种。如果是滴灌棉田，旋耕后耙耱2~3遍，滴灌管铺设在播种时随播种覆膜一次完成，播种后亩滴水20~25 m^3。

3. 灌水方式

（1）畦灌。畦灌是指在田间筑起田埂，将田块分割成许多狭长地块——畦田，畦中水流以薄层水流向前移动，边流边渗，润湿土层，这种灌水方式称为畦灌。

小畦灌溉属于畦灌中的一种，是我国北方井灌区行之有效的一种节水灌溉技术，河北、山东、河南等省的一些园田化标准较高的地方，正在逐步推广应用。小畦灌溉是相对过去的长畦、大畦而言的，将灌溉土地单元划小，但畦也不是越小越好，应根据有关技术指标确定畦的大小。

（2）沟灌。在作物行间开挖灌水沟，水在沟中流动的过程中，靠重力作用和毛细管作用湿润土壤，这种灌溉方法叫沟灌。沟灌主要用于棉花、玉米等宽行距中耕作物。沟灌操作简单，对土地要求不严，较大田漫灌和畦灌省工、省水，是一种节水灌溉技术。

（3）间歇灌。间歇灌是由左、右转换的间歇阀装置（有机械阀和电子控制阀两类）控制水流向左、右两条沟交替供水的灌溉技术。间歇灌适用于沟（畦）较长的地块，硬件投资少，是当前生产上的一种具有良好前景的节水灌溉方法。

（4）滴灌。滴灌是将具有一定压力的灌溉水，通过滴灌系统，利用滴头或者其他滴水器将水直接输送到植株根系，灌水均匀度高，不会破坏耕层表土的土壤结构，可大大减少株间蒸发量，是目前最节水的灌溉技术之一。棉花田间滴灌如图 3-1 所示。

（5）喷灌。喷灌（见图 3-2）是将具有一定压力的灌溉水，通过喷射系统，喷射到空中，形成细小的水滴，再洒浇到耕地地面的一种灌溉技术。一般情况下，喷灌可节水 20%~30%。

（6）微喷灌。生产中应用的小型行走式喷淋机（见图 3-3）是一种节灌机具（即节水灌溉设备），喷水的同时还可一次性喷药、喷肥，节水效果明显。

图 3-1 棉花田间滴灌

图 3-2 喷灌

图 3-3 小型行走式喷淋机

三、现代肥水综合调控技术

任何一种作物的种植都要结合不同生长阶段的具体情况进行不同的水肥管理。随着科技发展，肥水一体化技术日渐成熟。采用喷滴灌设施，可以根据作物状态，随水追肥，省水又省工。

模块3　植株管理

一、生育期

1. 不同作物的生育期

（1）玉米的生育期。玉米的生育期是指玉米从播种至成熟所用的天数。生育期的长短与品种特性、播种期、温度高低、日照长短等有关。一般早熟品种生育期短，温度较高、日照时间较短条件下生育期短，反之则长。早熟品种的生育期，一般春播为70~100天，夏播为80~95天；中熟品种的生育期，一般春播为100~120天，夏播为95~105天；晚熟品种的生育期，一般春播为120~150天，夏播为105天以上。

（2）小麦的生育期。小麦的生育期是指小麦从播种至成熟所用的天数。品种和播种期不同，小麦生育期差别较大，冬小麦（秋季播种）的生育期多为230天左右，春小麦（春季播种）的生育期多为100~120天。

（3）水稻的生育期。水稻的生育期是指水稻从播种至成熟所用的天数。水稻的生育期一般为100~160天。水稻的生育期因品种而异，110天以下为早熟品种，110~130天为中熟品种，130天以上为晚熟品种。双季稻区水稻的生育期以120天左右最常见，单季稻区以 140 天左右最常见。

（4）棉花的生育期。棉花的生育期是指棉花从播种至开始吐絮所用的天数。一般早熟陆地棉的生育期为 105~115 天，中熟陆地棉的生育期为 126~135 天。

2. 生育期三个阶段

大多数作物的生育期可划分为三个阶段，即营养生长阶段、营养与生殖生长并进阶段和生殖生长阶段。营养生长阶段分化出根、茎、叶及蘖等，穗分化（花芽分化）后进入营养生长和生殖生长并进阶段，此时的生长与物质分配中心仍然以营养器官为主。开花后营养生长基本结束，进入生殖生长阶段，生长中心转移到籽粒等生殖器官。营养生长是生殖生长的基础，如果作物没有一定时间的营养生长，也不会开始生殖生长。若营养生长过旺，导致后期植株贪青甚至倒伏，将直接影响种子与果实的充分发育和成熟；若营养生长太差，又会引起作物早衰，同样影响种子和果实的形成。

二、合理密植

1. 合理密植的原则

应综合考虑作物种类及品种、茬口、土壤肥力、栽培管理水平、气候条件等因素再确定种植密度，可参考前文中的"确定播种量的一般原则"。

2. 合理密植的方法

生产实践证明，当密度增大时，配合适当的种植方式，更能发挥密植的增产效果。作物种植方式多种多样，但主要可分为等行距种植和宽窄行种植两类。

（1）等行距种植。种植行距相等，株距随密度而定。优点：植株叶片分布均匀，能充分利用养分和阳光；播种、定苗、中耕除草、施肥培土等操作都很方便。缺点：在肥水足、密度大的条件下，生育后期行间易郁蔽,光照条件差,群体与个体的矛盾大,影响高产潜力的发挥。

(2) 宽窄行种植。宽窄行又称大小垄,行距一宽一窄。株距根据密度而定。优点:能调节植物后期个体与群体间的矛盾,由于大行加宽,有利于中后期通风透光。缺点:要求更加精细化的管理,可能加大种植管理难度;可能造成减产。

三、合理化控

1. 冬小麦培育壮苗技术

量取 3 mL 20%的甲哌鎓·多效唑微乳剂,加入 0.5 kg 清水中,混匀后倒在称好的 10 kg 小麦种子上。快速反复搅拌,使药液与种子混合均匀,在阴凉处堆闷 2~3 h,然后摊开晾晒至种子互相之间不粘连即可播种。若拌种后不能马上播种,可将种子晾干储存,20 天内不会影响出苗和药效。

2. 冬小麦防倒伏技术

在起身期(拔节期之前),给叶面均匀喷施20%的甲哌鎓·多效唑微乳剂 375~525 mL/hm^2。如果群体过大,长势过旺,可适当增加喷施量,如 600~675 mL/hm^2,但一般不宜超过 900 mL/hm^2。

3. 水稻多效唑培育壮秧技术

该技术要点可概括为"一二三,水要干"。"一"是指使用时期为一叶一心期,实际生产中应在立芽期至二叶期之间尽早使用多效唑;"二"是指配制药液量可在 750~1 500 kg/hm^2 范围内变动;"三"是指 300 mg/L 的使用浓度;"水要干"是指喷施调节剂时,要放干秧田的水层,避免药液流失。

4. 用赤霉素(GA$_3$)提高三系杂交稻制种产量

在母本见穗10%~15%、35%和55%时各喷一次 GA$_3$,其中确定首次用药时间还应考虑母本对 GA$_3$ 的敏感程度及当时的长势。对

GA_3 反应迟钝的母本及当时叶色较淡、长势一般的母本，在见穗 10% 时喷第一次；对 GA_3 反应敏感的母本及当时叶色浓绿、长势旺的母本，在见穗 15% 时喷第一次。

GA_3 的用量要根据母本的自然包颈程度、对 GA_3 的敏感性以及喷施时的天气情况而定。正常田块用量掌握在 225~270 g/hm²。

5. 棉花缩节胺防徒长技术与系统化控技术

（1）防徒长技术。在初花期一次性叶面喷施缩节胺（DPC），剂量控制在 22.5~45.0 g/hm²，配制药液量控制在 225~300 g/hm²，以实现最佳效果。

（2）系统化控技术

1）每千克种子用 100~200 mg 缩节胺浸种，或按照种子质量 0.05% 的比例添加缩节胺进行拌种，以促根壮苗、提高棉苗的抗逆能力，缩短移栽棉苗的缓苗期。

2）苗蕾期 DPC 的浓度一般在现蕾期和盛蕾期分别掌握在 40 mg/L 和 80 mg/L 左右，配制药液量为 150~225 kg/hm²。苗蕾期科学用药可促进根系发育、壮苗稳长、定向整形、壮蕾早花、增强抗旱涝能力，还有助于优化水肥管理的协调性、简化前期的整枝工作，实现高效栽培。

3）初花期的用药量较蕾期多，DPC 用量一般为 30~45 g/hm²，兑水量为 300 L/hm²，浓度则为 100~250 mg/L。初花期科学用药可塑造株型、优化冠层结构、促进提早结铃与棉铃健康发育、推迟封垄、显著增强根系活力、简化中期整枝管理工作。

4）盛花期 DPC 用量一般为 45~75 g/hm²，兑水量为 375~450 L/hm²。盛花期科学用药可以增结伏桃和早秋桃、增铃重、防贪青晚熟、简化后期整枝工作。

6. 棉花乙烯利催熟技术

乙烯利使用时间：需要催熟的棉铃达到铃期棉铃总量的 70%~

80%（开花后45天以上）；喷药后尚有3~5天的最高温度维持在20 ℃以上；北方枯霜期或南方拔柴期前15~20天。

适宜用量：乙烯利浓度一般控制在500~800 mg/kg，40%的乙烯利的用量为1 500~2 250 mL/hm^2，兑水量可根据使用的喷雾方法调整，手动喷雾时用水300~450 kg/hm^2，机动喷雾时用水225~300 kg/hm^2，超低量喷雾时加水相当于原液的2倍左右就可以。

棉田无人机化控如图3-4所示。

图3-4 棉田无人机化控

模块4 病虫草害防治

一、病害防治方法

1. 植物检疫

植物检疫是植物保护工作的重要方面和一项特殊形式的植物保护措施，主要是依据国家植物检疫相关法律法规，对生产和流通中的农作物种子、苗木等繁殖材料及其植物产品进行检疫,以防止有害生物传播蔓延,保护农业生产和农产品贸易安全。如水稻细菌性条斑病在我国 14 个省(自治区、直辖市)有发生和零星分布,是我国国内植物检疫对象,应防止调运带菌种子,避免其导致远距离传播。

2. 农艺防治

农艺防治措施主要包括保持田园清洁并及时清理病株残体、选择抗病品种、调整播种期、轮作倒茬、间套作、加强水肥管理等。

(1) 保持田园清洁并及时清理病株残体。保持田园清洁并及时清理病株残体是减轻病害侵染的关键措施,如在丝黑穗黑粉包未破裂时、瘤黑粉菌瘿成熟释放冬孢子前及时摘除,带到田外并彻底销毁,减少病菌在田间的扩散;秸秆还田时,将病株移到田外。

(2) 选择抗病品种。选择抗病品种是防治黄萎病的主要和有效措施,目前我国推广应用的品种,大部分对枯萎病可以达到高抗水平、对黄萎病可以达到抗性水平。

(3) 调整播种期。调整播种期可以降低病害发生程度。如玉米转为生殖生长后,叶片组织中的营养物质开始向籽粒转移,叶片抗病性逐渐变弱,易受病原菌侵染,适期早播可以缩短玉米生长后期处于病害高发阶段的时间,从而减轻叶斑类病害。

(4) 轮作倒茬。对玉米穗部病害严重的地块可以实行轮作倒茬,可与花生、大豆、马铃薯等非寄主作物实行 2 年以上的轮作种植,这样能有效控制病害的发生。对棉花黄萎病严重的地块,可以采用西兰花、棉花一年两熟种植模式,3 月上旬至 5 月中旬种植西兰花,收获西兰花后将剩余植株打碎均匀翻到地里,5 月下旬种植夏播棉。

(5) 间套作。间套作可以充分利用不同作物对病害发生的抑制作用,如选择棉花、花生、大豆等矮秆作物与玉米进行间作,能够有效调节田间小气候，为玉米提供更好的生长条件，增强玉米的抗病性，减轻玉米叶斑病的危害。

（6）加强水肥管理。平衡施肥，避免偏施、过施氮肥，及时施用磷、钾肥，合理增施锌、硼微肥，防止玉米贪青徒长；及时灌溉，尤其是在抽穗期前后要保证水分供应，防止玉米因受旱而降低抗病力。

3. 物理防治

病害物理防治技术在生产应用中并不常见，针对棉铃疫病可以采用"行间覆盖技术"阻隔病原菌侵染，如将全生物降解膜架起平铺于行间裸露地面。注意：操作时要将行间裸露地面覆严。全生物降解膜行间覆盖如图3-5所示。

图3-5 全生物降解膜行间覆盖

4. 生物防治

病害生物防治措施主要包括木霉菌、枯草芽孢杆菌等"微生物杀菌剂"和"诱导抗病产品"的应用。如木霉菌对玉米镰孢茎腐病的防效在40%~60%，将木霉菌和拮抗细菌混用可提高防效。枯草芽孢杆菌在棉花黄萎病防治中应用广泛，具体应用方法随地域与种植模式的不同而有所调整。在黄河流域的河北、河南和山东等直播棉田，推荐每 100 kg 棉种用含有 10 亿活芽孢/g 的枯草芽孢杆菌可湿性粉剂 10 kg 拌种；在长江流域的湖北、安徽等育苗移栽棉田，采用"拌种+苗床灌施"的方法；新疆棉区采用药液滴灌处理，6 月底第一次施药，间隔 7 天第二次施药，每次每亩用药量 1 000 g。

氨基寡糖素是一种非化学合成的新型植物免疫诱抗剂，棉花黄萎病发生初期（6 月初），将 3% 的氨基寡糖素水剂稀释后喷雾，连续喷药 2 次，对棉花黄萎病有不错的防治效果。

5. 化学防治

化学防治是病害防治的主要措施，包括种子包衣、喷雾施药等。

种子包衣是农药安全使用的重要措施，可促进壮苗，提高幼苗抵抗能力。种子包衣技术如图 3-6 所示。

图 3-6　种子包衣技术

喷雾施药时，应针对不同的病害类型和发病阶段合理选择药剂种类、施药时间，并做到科学轮换药剂，以提高病害防治效果。如玉米瘤黑粉菌的侵染关键期在 6~8 叶期、散粉期、制种田抽雄期，可选择含有苯醚甲环唑、丙环唑、戊唑醇、烯唑醇成分的杀菌剂喷雾防治；2~3 叶期是防治水稻苗瘟的关键时期，破口期是防治水稻穗颈瘟的关键时期，可选择稻瘟灵、氯啶菌酯、稻瘟酰胺等药剂；棉铃疫病则在盛花期后 1 个月，可选择吡唑醚菌酯、三乙膦酸铝、代森锰锌等进行喷雾防治，每隔10天喷雾1次，且将药剂均匀喷洒在棉株下部棉铃上。

二、虫害防治方法

1. 植物检疫

植物检疫是控制检疫性害虫由疫区传入并扩散到其他地区的主要措施。对邻近疫区的地区及其他高风险地区，应进行系统监测，及早掌握害虫扩散状态；对现有疫区，应采取以化学防治措施为主、其他防治措施为辅的综合治理策略，极力压低害虫种群数量。

2. 农艺防治

农艺防治措施主要包括清除秸秆、清除杂草、土地耕翻灌溉、种植抗虫品种、合理布局作物、科学水肥管理等。

（1）清除秸秆。机械化秸秆粉碎还田、高温沤肥或将秸秆转化为饲料和燃料等多种利用方式，能够有效破坏越冬虫源的生存环境，从而显著降低来年第一代玉米螟带来的危害。

（2）清除杂草。及时清除田间、路边、沟渠旁等处的禾本科杂草，可以消灭玉米蚜寄主，压低向夏玉米田转移的虫源基数；在草地贪夜蛾防治中，及时清理田间地头、沟渠旁杂草，能够消灭杂草上潜藏的幼虫，还可以在田间留出3~5 m隔离带并在附近杂草上进行喷药封锁，降低田间草地贪夜蛾带来的危害。

（3）土地耕翻灌溉。秋末冬初进行土地耕翻或灌溉，可以破坏鳞翅目害虫蛹的越冬场所，消灭浅层土壤中的越冬蛹。如一代棉铃虫虫口密度大的麦田，在收获小麦后可进行翻耕以破除蛹室，减少二代棉铃虫虫源；在小麦红蜘蛛潜伏期灌水，可使螨体被泥水粘于地表而死亡，灌水前还可以扫动植株，使红蜘蛛落地，这样灌水杀虫效果会更好。

（4）种植抗虫品种。种植转基因抗虫棉品种是防治棉铃虫的主要措施,生产中应严格选择通过品种审定、抗虫效率高、抗虫性稳定、质量合格的种子;在稻飞虱、稻纵卷叶螟防治中,应因地制宜选用抗虫的高产良种,避免种植高感品种。

(5)合理布局作物。利用玉米螟雌蛾喜欢选择在高大的作物植株上产卵的习性,可在夏玉米种植区适当种植一些早播玉米或高粱;在春玉米种植区,可采取策略性布局,于春玉米播种后1个月,在局部区域晚植甜玉米或高粱,这些作物能有效吸引玉米螟产卵;在玉米田周围可种植苘麻、鹰嘴豆、胡萝卜等诱集作物,它们在盛花期可以诱集到大量棉铃虫成虫,方便进行集中防治;棉花与小麦宽幅间作(见图3-7),可以利用小麦田中的瓢虫、寄生蜂等棉蚜的天敌对棉蚜进行有效防治。

图3-7 棉花与小麦宽幅间作

(6)科学水肥管理。科学水肥管理,可防止作物前期苗迟苗弱和后期贪青徒长。施足基肥,春季不施化肥,使小麦生长发育整齐健壮,可控制小麦吸浆虫在春季迟发的分蘖上为害,减少虫源积累;绿盲蝽具有明显的趋嫩特性,棉花种植中不可偏施氮肥造成其旺长,应及时整枝和化控,减轻绿盲蝽对棉花造成的危害。

3. 物理防治

物理防治主要是利用害虫对不同波长光源、色板的趋性进行诱杀。如玉米螟、棉铃虫、桃蛀螟、二点委夜蛾、草地贪夜蛾的成虫有明显的趋光性，可根据螟蛾趋性敏感的光谱范围设置频振式杀虫灯或投射式杀虫灯进行诱杀。棉花害虫物理防治测报灯、杀虫灯、蓝黄色板，如图3-8所示。

图3-8 棉花害虫物理防治
a) 测报灯 b) 杀虫灯 c) 蓝黄色板

玉米蚜虫、小麦蚜虫、棉花蚜虫、烟粉虱等具有较强的趋黄习性，可通过设置黄色粘虫板进行有翅蚜诱杀；蓟马具有较强的趋蓝习性，可以在棚室或棉田设置蓝板对其成虫进行诱杀。

4. 生物防治

害虫生物防治主要包括喷施生物农药、保护和利用自然天敌等。

（1）喷施生物农药。如用白僵菌防治玉米螟，在越冬幼虫开始化蛹前，对残存的秸秆用每克含有 100 亿孢子的白僵菌粉剂喷粉或分层撒布菌土进行封垛，可使田间一代螟卵显著降低；在草地贪夜蛾密度低、幼虫低龄期，可以施用苏云金杆菌可湿性粉剂防治。如果与甘蓝夜蛾病毒、绿僵菌混配，可以提高防效。

（2）保护和利用自然天敌。保护和利用自然天敌，一方面应减少对天敌杀伤力大的药剂的使用量和施药次数，可选择植物源或生物源农药进行害虫防治；另一方面，应创造利于天敌生存繁殖的生态环境，如在田埂或稻田边种植芝麻等显花植物，可保护天敌及提高天敌捕食能力。卵寄生蜂（如螟黄赤眼蜂、玉米螟赤眼蜂等）、幼虫寄生蜂（如红侧沟茧蜂、棉铃虫齿唇姬蜂等）在防治玉米螟、棉铃虫、水稻二化螟中均有较多应用。

5. 化学防治

化学防治具有速效性、持效性等优点，是当前害虫防治的主要措施，包括种子包衣和喷施化学农药等。

（1）种子包衣。如利用噻虫嗪或吡虫啉种衣剂进行包衣处理，对穗期麦蚜、玉米蚜防效显著；棉花种子采用噻虫嗪或吡虫啉种衣剂进行包衣处理，可以控制播后 30~35 天的苗蚜危害。噻虫嗪包衣棉种如图 3-9 所示。

（2）喷施化学农药。害虫多为一年多代发生，不同世代的害虫对作物的为害程度不同，且为害时间、取食部位、对农药的敏感性均不相同，在害虫化学防治中要明确其对农作物的为害规律，选择高效防治药剂和适宜的防治技术。

玉米螟属于钻蛀性害虫，掌握施药适期特别重要。在心叶末期防治玉米螟，颗粒剂撒施部位为心叶正中和组成心叶丛（喇叭口）

图3-9 噻虫嗪包衣棉种

的叶片的缝隙,这样施药既能深入组成心叶丛的叶片的缝隙中杀死潜藏的幼虫,又能长期滞留在叶片缝隙中而不会随着叶片生长而被带出心叶丛,防效较好的杀虫剂有多杀霉素、杀虫双、毒死蜱和菊酯类等。

用化学药剂喷雾防治棉蚜时,需根据防治指标科学合理安排施药时间,不可"见虫就喷"。苗蚜在棉花三叶期前的防治指标是卷叶株率达20%,在三叶期之后的防治指标为卷叶株率30%~40%;伏蚜的防治指标为单株顶部、中部和下部三叶的蚜虫总量达到150~200头,可选择双丙环虫酯、氟啶虫胺腈、氟啶虫酰胺等化学农药进行喷雾防治,且须注意药剂轮换。

三、草害防治方法

1. 植物检疫

检疫性杂草,妨碍农作物的生长、发育,可直接导致农产品产量下降及品质受损;会助长病虫害的发生与蔓延,有的还是病虫害的寄主；有的本身有毒，牲畜和人误食以后，会发生中毒现象；有的本身有强烈气味，奶牛吃后，乳汁容易有气味，影响奶产品质量。杂草的种子作为作物种子中有生命的夹杂物，其危害特别严重。所以国家根据植物检疫法令，把部分有害杂草和有毒杂草列为植物检疫对象。

杂草检疫首先是进行现场检疫，在现场检查货物本身和周围环境是否混有杂草籽，然后按规定的比例和方法扦取样品，于室内进行检查。室内检查时，首先给样品称重和标识，然后选择适宜的筛子（一般为二层筛）过筛，过筛后将筛过的样品倒入搪瓷盘内，将各筛下物倒入搪瓷盘或培养皿内，最后分别进行杂草种子检查。

2. 农艺防治

（1）及时清除杂草。田边、田埂、路旁、井台及渠道内外的杂草是作物田杂草的主要来源，可结合耕地、积肥及时进行清除，防止杂草种子扩散入作物田。棉花苗期生长较慢，约70%的杂草集中在5月上旬发生，在这一时期要及时中耕除草。

（2）充分腐熟牲畜粪便。未经高温发酵的粪便中含有的小粒杂草种子仍能继续发芽，采用牲畜粪便肥地时要充分腐熟。

（3）精选种子。通过对种子过筛、风扬、水选等措施，除去杂草种子，防止杂草种子远距离传播。选用耐密品种，采取精量播种、一播全苗的措施，保证播种密度，抑制杂草发生和生长。

（4）合理间作。玉米间作大豆、花生、绿豆等作物，可减少伴生杂草发生。玉米间作套种大豆，如图3-10所示。

（5）强化肥水管理。强化肥水管理，提高作物相对于杂草的竞争力。

（6）轮作倒茬。将棉花与小麦、玉米等作物轮作倒茬，可减少伴生杂草发生。

图 3-10　玉米间作套种大豆

3. 物理防治

对于玉米，在苗期和中期，结合施肥，可采取机械中耕培土的方式防除行间杂草；对于水稻，可在进水口安置尼龙纱网拦截杂草种子，或者在水稻田间灌水至水层深 10~15 cm，待杂草种子聚集到田间角落后捞取水面漂浮的种子，减少土壤中杂草种子的数量。还可采用地膜覆盖除草，或通过人工拔除、机械铲除等方式来清除杂草，虽然较费时费力，但对一些难以用化学方法清除的杂草是有效补充手段。

4. 生物防治

玉米和棉花种植田利用粉碎的小麦、大豆等作物秸秆覆盖田间空隙，可有效降低杂草出苗数；在水稻活棵后至抽穗前，通过人工放鸭、稻田养鱼、虾（蟹）稻共作等方式，发挥生物取食杂草籽粒和幼芽的作用，减少杂草的发生数量。

5. 化学防治

喷施化学除草剂是防治杂草的主要技术措施，根据作物和杂草种类使用灭生性或选择性除草剂，结合整地、播种、灌溉等农事正确使用除草剂。以下重点介绍玉米和小麦田间杂草化学防治技术。

（1）玉米

1）春玉米种植区。播后苗前，选用乙草胺、精异丙甲草胺、异丙草胺、氟噻草胺、唑嘧磺草胺、噻吩磺隆、噻酮磺隆、2,4-滴异辛酯、异恶唑草酮等药剂及其复配制剂进行土壤封闭处理。在玉米3~5叶期，杂草2~5叶期，选用烟嘧磺隆、硝磺草酮、苯唑草酮、苯唑氟草酮、胺唑草酮、噻酮磺隆、甲酰氨基嘧磺隆、莠去津等药剂及其复配制剂防除稗草、马唐、野黍等禾本科杂草，选用氯氟吡氧乙酸、二氯吡啶酸、辛酰溴苯腈、特丁津、硝磺草酮等药剂及其复配制剂防除鸭跖草、反枝苋、苘麻等阔叶杂草。

2）夏玉米种植区。小麦（油菜）收获后，将秸秆在田间粉碎后覆盖于田块，免耕播种夏玉米。无秸秆覆盖的田块播后苗前，选用乙草胺（或异丙甲草胺、异丙草胺等）+莠去津（或氰草津、特丁津、唑嘧磺草胺、异恶唑草酮等）桶混进行土壤封闭处理。在玉米3~5叶期，杂草2~6叶期，选用烟嘧磺隆、硝磺草酮、苯唑草酮、苯唑氟草酮、噻酮磺隆、莠去津等药剂及其复配制剂防除稗草、马唐等禾本科杂草，选用氯氟吡氧乙酸、辛酰溴苯腈、特丁津、硝磺草酮等药剂及其复配制剂防除反枝苋、藜等阔叶杂草。

（2）小麦

1）水旱轮作区麦田。杂草基数大，杂草防控采用"一封一杀"策略。播后苗前，选用异丙隆、氟噻草胺、丙草胺、吡氟酰草胺、氟吡酰草胺等药剂及其复配制剂对土壤进行封闭处理。小麦3~5叶期、杂草2~4叶期（冬前或早春），选用唑啉草酯、炔草酯、氟唑磺隆、啶磺草胺、环吡氟草酮、精恶唑禾草灵等药剂及其复配制剂防治看麦娘，选用甲基二磺隆与异丙隆复配制剂防治菵草、硬草，选用氯氟吡氧乙酸、灭草松、氟氯吡啶酯、双氟磺草胺等药剂及其复配制剂防治猪殃殃、牛繁缕等阔叶杂草。

2) 旱旱轮作区麦田。在秋播时土壤墒情好的条件下，杂草防控采用"一封一补"策略。小麦播后苗前，选用砜吡草唑、吡氟酰草胺、氟噻草胺等药剂及其复配制剂对土壤进行封闭处理。后期根据田间杂草发生情况局部补施除草剂，可选用甲基二磺隆及其复配制剂防治节节麦，选用唑啉草酯、炔草酯等药剂及其复配制剂防治野燕麦、多花黑麦草，选用2,4-滴异辛酯、氯氟吡氧乙酸、双氟磺草胺、唑草酮等药剂及其复配制剂防治播娘蒿、麦家公、猪殃殃等阔叶杂草。

在秋播时土壤墒情差、土壤封闭处理除草效果不好的条件下，杂草防控采用"一杀一补"策略。根据当地除草方式，在小麦3~5叶期、杂草2~4叶期（冬前），或在小麦返青后、拔节前（春后），选用甲基二磺隆防治节节麦，选用啶磺草胺、氟唑磺隆及其复配制剂防治雀麦，选用唑啉草酯、炔草酯等药剂及其复配制剂防治野燕麦、多花黑麦草、大穗看麦娘，选用双氟磺草胺、氯氟吡氧乙酸、唑草酮、双唑草酮、氟氯吡啶酯等药剂及其复配制剂防治播娘蒿、荠菜、猪殃殃等阔叶杂草。翌年春后，根据杂草发生情况，局部补施适宜的除草剂品种。

第4单元 收获管理

模块1 收获

一、收获适期

1. 生理成熟

大部分收获器官为种子的农作物在生理成熟期收获。

不同的作物有不同的收获适期,只有在适期内收获才能保证产量和品质,收获过早或过晚,都会影响产量和品质。

(1)玉米。完熟期的果穗苞叶变白干枯,籽粒灌浆停止,"乳线"消失,基部变硬,此时籽粒含水量在30%左右。苞叶变白或籽粒顶端变硬时,实际距收获适期还有7~10天,此时的籽粒重只有适期收获时的90%左右,如果此时收获,会造成产量损失。

(2)水稻。水稻收获的最佳时期是蜡熟末期至完熟初期,此时籽粒含水量为20%~25%。此时,从外部看,籽粒全部变硬,穗轴上干下黄,有70%的枝梗已干枯。如果是麦茬稻,为了及时播种小麦,可适当提前收获。

(3)大豆。大豆的收获适期在黄熟末期。当大豆茎叶开始变黄,苗秆和豆荚已干并呈黑褐色时,便可收获。此时叶片大部分脱落,豆荚内籽粒与荚皮脱离,手摇有响声。

（4）花生。花生的收获适期，一般应根据植株长相和荚果发育来确定。从植株长相看，上部叶片变黄，中下部叶片由绿转黄并逐步脱落，茎枝转为黄绿色；从荚果发育看，多数荚果已具成熟特征（果壳内部网纹变深）。

（5）谷子。一般以蜡熟末期或完熟初期，即颖壳变黄、谷穗断青、籽粒变硬时收获最好。此时的植株绿叶黄穗、穗垂秆黄，所有籽粒都表现出固有的色泽，籽粒内呈粉状或角质状，比较坚硬，用指甲挤压不易破碎。

2. 商品成熟

商品成熟是指植株或植株的某一器官发育到具有被消费者因某一特殊要求而利用的各种条件的阶段。

（1）红薯。红薯不同于其他作物，收获器官是地下块茎，所以应根据气候条件、安全储藏时间和下茬作物的安排等确定收获适期。地温在15 ℃左右，红薯停止膨大；地温长时间在9 ℃以下，就会发生冷害。因此，一般在地温18 ℃时就开始收刨，在枯霜期前收刨完毕。

（2）马铃薯。马铃薯成熟的标志：植株大部分转黄并逐渐枯萎，匍匐茎与薯块脱离，薯块表面形成较厚的木栓层，且停止增重。一般收获马铃薯，都在地上部枝叶枯黄之后进行。适期内，收获得越晚，产量越高，质量越好。

在城市郊区将马铃薯作为蔬菜栽培时，可以根据市场需要和品质属性分期收获，当达到商品成熟期——块茎质量达75 g，即可收获。

二、收获技术

1. 机械收割技术

机械收割技术是现代农业中最常见的收获技术之一。它以机器为主，进行全自动或半自动的收割作业。目前，通过机械收割的农作物包括小麦、玉米、水稻、大豆等。机械收割的好处在于作业速度快、效率高，可以适应多样化的田地环境，以及减少人力劳动成本等。收获前需要对机器进行保养，并选用适当型号的收割机。

2. 手工收获技术

手工收获技术是传统农业中常用的收获技术。以人工为主，以锄、镰、刀等为工具，进行全部或部分的收获作业。虽然较机械收割技术它的效率较低，但是它能够保持作物的完整性，减少破损率，对于一些经济价值较高的作物，如棉花、亚麻等，常采用手工收获技术。手工收获需要选择适宜的时间，并提前准备好适宜的工具。

三、秸秆处理

1. 肥料化

在收获作物时使用机械将秸秆打碎还田，并在耕作时深翻严埋，利用土壤中的微生物将秸秆腐化分解。这样不仅可以处理农田中的秸秆，还能增加土壤肥力。但需要注意的是，秸秆分解需要一定时间，因此最好在收获后及时翻地。

还有一种有效的方法：将秸秆粉碎后，掺入适量石灰和人畜粪便，让其发酵。在半氧化半还原的环境中，秸秆会变质腐烂，之后可以取出用于肥田。

2. 饲料化

通过青贮、微贮、氨化、热喷等技术处理秸秆，使其成为易于家畜消化、口感好的优质饲料。小麦秸秆微贮饲料如图4-1所示。玉米青贮饲料如图4-2所示。

图 4-1 小麦秸秆微贮饲料

图 4-2 玉米青贮饲料

3. 燃料化

农田中的秸秆也可以收集打捆，然后销售给秸秆加工厂或电厂。秸秆加工厂将其粉碎后，利用机械设备挤压成型，形成秸秆颗粒，此种颗粒可代替煤炭作为燃料使用。秸秆燃料颗粒如图 4-3 所示。电厂可以利用秸秆直燃发电。

图 4-3 秸秆燃料颗粒

4. 基料化

将秸秆粉碎后,按一定比例与其他配料混合,所得混合料可作为食用菌(如木耳、蘑菇、银耳等)栽培基料。秸秆作为食用菌栽培基料成分如图4-4所示。育菌后的基料经处理后,还可以作为家畜饲料,或作为肥料还田。

图 4-4 秸秆作为食用菌栽培基料成分

5. 建筑材料化

将秸秆晒干磨成粉，与废旧塑料混合可制成"木塑"材料，这是一种环保建筑材料，可以实现非常好的保温隔热效果，可用于制造各种设施。用木塑材料建造的房屋如图4-5所示。

图4-5 用木塑材料建造的房屋

此外，麦秆等秸秆可以用来编织草帽、草蒲团，制作草雕等，延伸产业链，促进秸秆的多元利用。以上各种方法均能有效处理秸秆，减少环境污染，同时增加经济效益。

模块2 储藏

一、农产品储藏的环境要求

1. 水分

农产品储藏期间的有氧呼吸和无氧呼吸会损耗营养，释放出的热量和水分会使农产品发热，使湿度增高，又进一步促使呼吸增强，同时还会为微生物活动提供适宜的条件，从而引起粮食霉烂、变质。粮食的呼吸强度常在其含水量超过14.5%的临界值时骤然上升。在含水量少（12.5%以下）和环境温度低（20 ℃以下）的情况下，呼吸强度微弱，但能维持最低限度的生命活动，对储藏有利。粮食在短期储藏时环境的相对湿度宜控制在75%以下，否则即使入库前已经干燥，在高湿度环境下储藏时也会吸湿回潮。

2. **温度**

储藏期间谷物中的许多生理变化随温度升高而加速，随温度下降而减缓。较高的温度也是许多微生物和昆虫生长繁殖的重要条件。温度每降低5 ℃，可取得约相当于水分减少1%的储藏效果。50 ℃以上的温度可使粮食中酶的活性遭到破坏，因此高温也有减缓呼吸及机体代谢机能的作用。但高温易导致粮食的蛋白质变性，影响粮食品质，因而此种方法一般不应用于粮食储藏。

3. **通风性**

在密闭储藏条件下，由于粮食和微生物等的呼吸作用，粮堆孔隙中的氧含量逐渐降低而二氧化碳含量逐渐增加。当氧的消耗和二氧化碳的蓄积达到一定程度时，粮食呼吸作用、生物氧化反应、需氧微生物的生长发育和仓库害虫的生命活动都会受到抑制，从而有利于粮食品质的保持。人工充入二氧化碳或低氧气体也能得到同样结果。但高水分粮食在缺氧情况下会发生酒精发酵，这也会损害粮食品质。

4. **光**

光作为热的来源时会增加粮堆的温度，且光对粮食中的色素和某些维生素有破坏作用，并能激发脂肪的自动氧化。因此粮食通常以避光储藏为宜。

二、不同农产品的储藏方法

1. 水稻的储藏方法

（1）清除杂质。水稻收获后一般都含有糠灰、秕粒、杂草、穗梗以及瘪粒等，这些杂质一般含水量大、吸湿性强，会使粮堆孔隙度变小，进而导致内部湿热易积聚不易散发，病菌害虫易繁殖。所以，应先采用过筛、风扬等方法清除这些杂质，把含杂量降低到0.5%以下。

（2）干燥降水。稻谷除杂以后，应立即通过晾晒、抽风、烘干等方法干燥降水，使之达到安全储藏水分以下。稻谷的安全储藏水分根据品种的不同略有区别，籼稻可高些，粳稻应低些，糯稻应更低，一般分别为15%、14%、13%。

（3）双低（低温、低氧）储藏。稻谷堆积导热性不良，可利用立秋以后气温渐低的有利时机，打开仓房门窗、容器口通风降温，有条件的可采用抽风机抽风降温降水，使粮温降到15℃以下，并压盖密封，实行低温、低氧储藏，减少外界温度、湿度的影响，增强储藏稳定性。具体做法是把仓内低温的稻谷粮面用塑料薄膜密封起来，将塑料薄膜粘在墙上，造成稻谷内缺氧。或者把仓库、窗用塑料薄膜封闭起来，造成仓内缺氧，减小稻谷呼吸强度，防止产生大量湿热气体造成结露，阻止病虫感染。若是在容器内储藏少量稻谷，可于降温后在容器内放置一大塑料袋，把稻谷装入后扎紧或烫死袋口，使袋内呈缺氧状态，也可在稻谷满满地收入粮仓后，将粮食用塑料薄膜封闭起来，再盖好容器盖。

2. 小麦的储藏方法

（1）热密闭储藏法。使用热密闭储藏法储藏小麦，可以防虫、防霉，促进小麦的后熟作用，提高发芽率。具体方法：利用夏季高温暴晒小麦，注意掌握迟出早收、薄摊勤翻的原则，在麦温达到 42 ℃ 以上，最好是 50~52 ℃，保持 2 h，然后趁热放进经晾晒处理的缸或其他储具内，接着用经过消毒的物料进行压盖，最后用塑料薄膜密封储具口，用绳扎紧，使不漏气，使储具内的麦温达到 40 ℃ 以上，保持 8~10 天，杀死害虫卵、幼虫、蛹及成虫，从而达到聚热杀虫的效果。要做好热密闭储藏工作，一是要求小麦含水量降到 10%~12%，二是要求有足够的温度和密闭时间。

（2）低温储藏法。低温储藏法是小麦安全储藏的基本方法。小麦虽耐热性强，但在高温下持续储藏，其品质会降低。而低温储藏，则可保持品质及发芽率。据了解，小麦在低温、低氧条件下储藏 16 年，品质变化甚微，并能制成良好的面包。利用冬季低温，进行自然通风、机械通风降温，然后趁冷密闭，对消灭越冬害虫，延缓外界高温影响，效果良好。另外，利用地下仓储藏小麦，也能延缓小麦品质变差。

（3）自然缺氧储藏。目前国内外使用最广泛的方法是自然缺氧储藏。对于新入库的小麦，受到后熟作用的影响，小麦生理活动旺盛，呼吸强度大，极有利于粮堆自然降氧。实践证明，只要密闭工作做得好，小麦经过 20~30 天的自然缺氧，氧气浓度可降到 1.8%~3.5%，可达到防虫、防霉的目的。

如果是隔年陈麦，其后熟作用早已完成，而且进入了深休眠状态，呼吸强度很弱，不宜进行自然缺氧，这时可采用微生物辅助降氧或向麦堆中充二氧化碳、氮气等方法而达到气调的要求。

自然缺氧储藏法不适合一般农户，对于小型粮库比较适用。自然缺氧储藏时需要特别注意的是，小麦水分应控制在 12.5% 以下，平均粮温应保持在 30 ℃ 以上。

3. 玉米的储藏方法

（1）玉米穗藏法。新收获的玉米果穗穗轴内的营养物质可在穗藏时继续运送到籽粒内，使种子达到充分成熟。玉米穗藏孔隙度大，可达51%左右，便于空气流通，堆内湿气较易散发。高水分玉米经过一个冬季自然通风，水分可降至安全标准以内，至第二年春即可脱粒，再进行密闭储藏。穗藏法有挂藏和堆藏两种。

1）挂藏。挂藏是将果穗包叶编成辫，挂在避雨通风的地方。有些农户采用搭架挂藏，也有的将玉米围绕树干挂成圆锥形，并在顶端堆草防雨。

2）堆藏。堆藏是在露天场地上，将去掉包叶的玉米果穗堆在圆柱形通风仓内越冬，次年再脱粒入仓，此法在我国北方采用较多。

（2）玉米粒藏法。玉米粒藏法即将脱粒玉米入仓储藏。此储藏法仓容利用率高，如仓库密闭性能好，玉米粒处在低温干燥条件下，可以长期储藏而不影响生活力。具体做法如下。

1）降低水分，干燥储藏。严格控制玉米粒入库水分，入库后严防玉米粒吸湿回潮，这是做好粒藏的关键。

2）低温储藏。低温储藏指的是冷天将玉米粒移出仓外，经摊晾冰冻或通风降温等方法处理后，在玉米粒堆表面覆盖席或麻袋及干净无虫的麦秆等进行储藏的方法。

3）通风储藏。北方地区由于冬季干旱、雨水少，有的地方采用围囤露天散装储藏，用自然通风的办法降低玉米粒水分后再将其入仓储藏。这种方法要注意玉米粒的冻害。

4. 大豆的储藏方法

储藏大豆首先就要干燥除杂。长期储藏大豆需要将水分控制在12%以内，短期储藏则需要将水分控制在13.5%以内，否则脂肪酸就会迅速增加使大豆变软。对于入库储藏的大豆，水分超过安全标准时就需要迅速降水。

可以将脱粒后的大豆放在阳光下暴晒降水，但这种方法可能导致子叶变黄甚至脱皮，品质会有所下降，所以最好是在早春期间进行脱粒暴晒，暴晒时温度不宜超过44 ℃。

用机械烘干法减少大豆中水分的含量也是一种有效的方法，这种方法操作简单、降水快、能清除杂质并且不受气候的影响，但在操作时也要小心谨慎，避免大豆出现焦斑和破裂，温度最好不要超过60 ℃，否则会引起蛋白质变性。

5. 红薯的储藏方法

（1）薯窖消毒。用来储藏红薯的薯窖，应清扫干净并消毒，通常是用硫黄熏蒸消毒，按每平方米5~15 g多点燃烧，密闭熏蒸24 h，然后通风。

（2）精选薯块。用来长期储藏的红薯，要严格选择，把破伤、霜冻、有水泡、被病虫危害的薯块剔除，选择大小适中、无伤、无病的优良薯块进行储藏。为防止染病，可用70%的甲基托布津100倍液浸泡薯块3 min，捞出晾干后再储藏。

（3）处理创伤。具体做法：采收后立即在温度30~35 ℃、相对湿度90%~95%的条件下，处理4~6天，使失水2%~6%，这样可使甘薯被破坏的表面保护结构得以恢复。恢复应在储藏室或薯窖内进行，恢复一旦完成，储藏室或薯窖内应立即改为正常储藏的温湿度条件，以后不再搬动，以防止造成新的创伤。

（4）留出空间。红薯入窖容量不可超过2/3，留出空间，以利通风排湿，防止"闷窖"。红薯窖藏如图4-6所示。

（5）控制环境。环境温度以10~14 ℃为宜，加强通风排湿，相对湿度控制在80%左右，防冻、防闷、防烂。储藏中如发现病薯应立即拣出，以防病害蔓延。

图4-6 红薯窖藏

第5单元 农作物栽培技术

模块1 水稻栽培

一、水稻生育期需要的外界条件

1. 水稻生育期划分（分为不同的生育时期）

（1）发芽期。播种前，通常要浸种24 h并催芽24 h使其预先发芽。种子发芽后，幼根和幼芽就会从稻壳中长出。

（2）幼苗期。从第一叶长出一直持续到第一个分蘖出现。

（3）分蘖期。从第一个分蘖出现开始，一直持续到达最大分蘖数。

（4）拔节期。可开始于幼穗分化前或分蘖期即将结束时，分蘖期与拔节期可能有部分重叠。拔节期水稻如图5-1所示。

（5）孕穗期。嫩芽尖端幼穗分化的开始标志着营养生长和生殖生长并进期的开始。

（6）抽穗期（或花序抽出期）。圆锥花序（即以后的稻穗）尖端从旗叶鞘抽出时标志着抽穗期的开始，圆锥花序继续伸长直到其大部分或完全从叶鞘中抽出标志着抽穗期的结束。抽穗期水稻如图5-2所示。

图 5-1 拔节期水稻　　　　图 5-2 抽穗期水稻

（7）扬花期。扬花期开始于花药从小穗中伸出及紧随其后的授粉过程。从孕穗期到扬花期均属于营养生长与生殖生长并进期。

（8）乳熟期。籽粒开始灌充乳状物质，此期当用手指挤压谷粒时，乳状液体会被压出。

（9）蜡熟期。籽粒乳状成分开始转变成一种柔软的如生面团之类的物质并逐渐变硬。

（10）完熟期。籽粒已完全成熟。叶子迅速变干，大量死叶堆积在植株根部。完熟期水稻如图 5-3 所示。

图 5-3 完熟期水稻

从乳熟期到完熟期属于生殖生长阶段。

2. 水稻在不同的生育时期需要的外界条件

(1) 发芽期需要的外界条件。籼稻在平均气温达 12 ℃，粳稻在平均气温达 10 ℃ 开始发芽。当土温、水温平均达到 12 ℃ 以上时，可以开始播种。

(2) 幼苗期需要的外界条件。幼苗适宜生长的温度范围为 25~35 ℃，最高温度为 40 ℃；幼苗对光照有较高的要求，一般而言，水稻每天至少需要 12 h 光照，光照强度在 5 000 lx 以上生长效果最好；土壤湿度维持在 70%~80% 为宜。水稻安全移栽的温度指标：日平均温度，籼稻 15 ℃ 以上，粳稻 13 ℃ 以上。移栽过早，易导致返青迟、死苗、僵苗。

(3) 分蘖期需要的外界条件

1) 气温与水温。最适宜分蘖的气温为 28~31 ℃，水温为 32~34 ℃。

2) 水分。水分过多或过少对分蘖都有抑制作用。

3) 光照强度。植株过于繁茂，栽插过密、荫蔽严重会降低有效分蘖率。

4) 肥料。肥料充足时，分蘖快而多；反之，慢而少。

5) 插秧深度。浅插对分蘖有利，分蘖早而多；插秧深，分蘖节位高，分蘖迟而少。

(4) 拔节期需要的外界条件。拔节期最适宜的温度为 26~30 ℃，昼夜温差大有利于形成大穗。幼穗分化期是水稻一生需水、需肥量最大的时期，也是光合作用最旺盛的时期。光照越充足，越有利于穗的分化发育。此阶段应保持浅水灌溉，这样既能满足植株对水分的需求，又有利于稻株对土壤中氮、磷的吸收。

(5) 抽穗期需要的外界条件。抽穗期最适宜的温度为 25~35 ℃，超过 40 ℃ 或低于 20 ℃ 水稻都不能正常抽穗，甚至可能包颈。

（6）扬花期需要的外界条件。水稻扬花的适宜温度为30 ℃左右，适宜相对湿度50%~90%。日平均气温低于20 ℃，不仅对扬花授粉不利，而且容易导致发生稻瘟病（形成空壳、秕粒）。大风和日照不足，对水稻扬花结实不利。

（7）乳熟期和蜡熟期需要的外界条件。乳熟期的最适宜温度为23~28 ℃，蜡熟期的最适宜温度为16~19 ℃。

二、水稻的产量

水稻的产量由穗数、穗粒数、粒重三个因素决定，这三个因素又受到不同的生育时期影响。

1. 穗数

穗数最先形成，是形成其他两个因素的基础。单位面积穗数由主茎数、单株分蘖数、分蘖成穗率三个因素决定，整个营养生长期对穗数都有影响，但决定时期是分蘖始期至有效分蘖终止期。主茎数取决于插秧的密度及移栽成活率。

2. 穗粒数

孕穗期是决定穗粒数的关键时期，也是培育壮秆为粒重奠定基础的时期。穗粒数的多少，既受每穗分化颖花数的影响，又受退化颖花数的影响。分化颖花数多是增加穗粒数的基础，但分化颖花未必能全部发育为正常颖花，因此要增加穗粒数，就必须既要增加每穗分化颖花数，又要减少退化颖花数，一般后者作用尤为突出。

3. 粒重

决定粒重的关键时期为成熟期（包括乳熟期、蜡熟期、完熟期等），粒重决定于两个因素，一是谷壳体积大小，二是胚乳充实的程度。出穗后稻株的生育状态直接决定了粒重，水稻籽粒物质有2/3来自抽穗后的上部三片叶的光合产物，其余1/3来自穗前茎鞘内储藏的养分。

三、水稻栽培技术要点

1. 种子处理

水稻种子在播种前要进行浸种处理,可采用16%(或17%)的杀螟·乙蒜素 50 g+氰烯菌酯 15 mL+25%的甲霜灵 50 g 浸干稻种 25 kg,72~96 h 后控干明水播种。

2. 育秧

(1)床土选择。应选取土壤肥沃疏松的菜园地、耕作熟化的旱地或经秋耕、冬翻、春耙的稻田表层土作为床土。若基质育秧可直接采用基质做底土和覆土。

(2)床土用量。每亩机插大田备合格床土 100 kg,装袋备用。

(3)秧田面积。户外育秧和大棚育秧,分别按照秧田与大田比例 1∶(80~100)和 1∶(125~150),应留足秧田面积。水稻大棚育秧如图 5-4 所示。

图 5-4　水稻大棚育秧

(4)播种流程。双膜育秧播种前,在床面上铺好打孔地膜,铺 1~1.3 cm 厚的营养土,刮平。灌水并在水自然下渗露出床面时将种子均匀撒于床面上，每 20 m² 撒种 13~15 kg，之后压种入泥并撒素土覆盖，厚度不宜超过 0.3 cm。接着是秧田封闭除草，除草要均匀。

（5）播后管理。正常情况下，苗期可不施肥，在移栽前 3~4 天，每平方米用硫铵 35~40 g，兑水 3.5~4.0 kg，喷施秧苗带肥田。出苗前，棚内或膜内温度宜控制在 30 ℃ 左右，当出苗达到 80% 时揭去地膜；苗期白天温度宜控制在 22~25 ℃，晴天要通风换气。在移栽前 3~5 天一次浇足水。在 1 叶 1 心至 2 叶 1 心时，用 25% 的甲霜灵 800 倍液喷施 1~2 次，可预防立枯病、青枯病、绵腐病，根系差或秧苗弱可加入生根粉和芸苔素混合喷施。栽前 1~3 天，亩用 20% 的氯虫苯甲酰胺（微毒长效）20 mL 或 19% 的溴氰虫酰胺悬浮剂（微毒长效）100 mL 喷施（即用送嫁药喷施），可免除水稻本田潜叶蝇和稻水象甲防治。

3. 大田移栽播种

（1）移栽标准。秧龄 20~30 天，叶龄 3.5~4.5 叶，根系盘结成毯状，提苗不散。

（2）移栽时间。5 月中旬至 6 月上旬。

（3）整地施肥。耕翻、耙耖、平整田块。随耙地，亩施硅肥缓释肥 25 kg+锌肥 0.75 kg，全层底施。整地找平后亩施 40% 的恶草酮·丙草胺 90 mL+吡嘧磺隆 15 g 或苄嘧磺隆 20 g 封闭。保持 5~7 cm 水层 6~7 天。

（4）移栽时要准备好水稻移栽机，调整机械设备，设置好行距和株距。将秧苗放入机械设备的供株仓中，启动机械设备，便可自动完成移栽过程。水稻机械移栽如图 5-5 所示。

（5）密度及质量要求。行距 30 cm，穴距 16~20 cm，每穴 5~7 株苗，插秧深度 1.5~2.0 cm。插秧后应及时上水护苗。

图 5-5 水稻机械移栽

4. 秧田管理

（1）分蘖期。分蘖前期保持水层 2~3 cm，分蘖中期保持水层 3~5 cm。茎蘖数达到收获穗数的 80%~90% 时适度晾田。

缓苗后，亩施尿素 5 kg；插秧后 15 天左右，亩施尿素 7.5 kg、硫酸钾 5.0~7.5 kg，插秧后 21 天左右，亩施尿素 10.0 kg。

在分蘖中后期，针对稗草、千金子等禾本科杂草，可亩用 2.5% 的五氟磺草胺乳油 80 mL、10% 的氰氟草酯 80 mL；针对大龄莎草科杂草，可亩用 38% 的苄嘧·唑草酮 10~12 g 在茎叶喷雾，施药前一天排干田间水，施药 24 h 后灌水。

（2）拔节孕穗期。拔节孕穗期是全生育期中生长最快和最需水的时期，也是稻株上层茎部发出不定根的关键时期，不可缺水，以免影响颖花分化发育。一般在拔节初期保持水层 2~3 cm，此后保持水层 5~7 cm。主茎幼穗 0.5 cm 左右，亩施尿素 2.5 kg、硫酸钾 5.0~7.5 kg。

（3）抽穗扬花期。在抽穗扬花期应保持一定水层以调节土温，并提高株间空气湿度，促使水稻齐穗。一般抽穗扬花期需保持水层 5~7 cm。

水稻裂口抽穗前 2~3 天至出穗后 5~10 天，亩施尿素 1.5~2.0 kg、硫酸钾 5.0~7.5 kg，或喷施 1%的尿素、0.5%的磷酸二氢钾混合液 1~2 次（两次施肥的话，中间应间隔 7 天）。

防治穗颈瘟、稻曲病、纹枯病等，抽穗期应亩用 75%的三环唑 20 g、36%的唑醚·戊唑醇 25 g，兑水 15 kg 均匀喷雾；防治稻瘟病、纹枯病、稻曲病及胡麻叶斑病，齐穗期应亩用 34%的唑醚·丙环唑 25 mL、20%的三环唑悬浮剂 60 mL，兑水 15 kg 均匀喷雾；防治飞虱，应亩用 25%的吡蚜酮悬浮剂 20 g，兑水 15 kg 均匀喷雾。水稻田喷药如图 5-6 所示。

图 5-6　水稻田喷药

（4）乳熟期。乳熟期是籽粒充实的重要时期，在保证田间湿润的同时，要做到不积水、不缺水。

后期防治二化螟可亩用 20%的氯虫苯甲酰胺悬乳剂 5.0~7.5 mL，兑水 15 kg 均匀喷雾 1 次。如有飞虱，应亩用 25%的吡蚜酮悬浮剂 20 g，兑水 15 kg 均匀喷雾。

模块 2　小麦栽培

一、小麦生育期需要的外界条件

1. 小麦生育期划分（分为不同的生育时期）

（1）出苗期。小麦的第一真叶露出地表 2~3 cm 时为出苗，田间有 50%以上的麦苗达到出苗标准的日期为出苗期。

（2）三叶期。田间有 50%以上的麦苗，主茎第三片绿叶伸出 2 cm 左右的日期为三叶期。

（3）分蘖期。田间有 50%以上的麦苗，第一分蘖露出叶鞘 2 cm 左右时为分蘖期。

（4）越冬期。北方冬麦区冬前平均气温稳定降至 0 ℃以下，麦苗基本停止生长时为越冬期。

（5）返青期。北方冬麦区翌年春季气温回升时，麦苗叶片由青紫色转为鲜绿色，部分心叶露头时为返青期。

（6）起身期。翌年春季麦苗由匍匐状开始挺立，主茎第一片叶的叶鞘拉长并和年前最后叶的叶耳距离 1.5 cm 左右，主茎年后第二片叶接近定长，内部穗分化达二棱期，基部第一节开始伸长但尚未伸出地面时为起身期。

（7）拔节期。全田 50%以上的植株茎部第一节露出地面 2.0 cm 时为拔节期。拔节期小麦如图 5-7 所示。

（8）孕穗期。全田 50%以上的分蘖旗叶叶片全部抽出叶鞘，旗叶叶鞘包着的幼穗明显膨大为孕穗期。

（9）抽穗期。全田 50%以上的麦穗（不包括芒）从叶鞘中露出 1/2 时为抽穗期。

图 5-7　拔节期小麦

（10）开花期。全田 50% 以上的麦穗中上部小花的内外颖张开、花药散粉时为开花期。

（11）乳熟期。籽粒开始沉积淀粉、胚乳呈炼乳状，约在开花后 10 天左右，籽粒含水量在 45% 左右时为乳熟期。

（12）蜡熟期。蜡熟期籽粒颜色变黄，胚乳呈蜡状，易被指甲划裂。蜡熟期小麦如图 5-8 所示。

图 5-8　蜡熟期小麦

（13）完熟期。籽粒具有相应品种籽粒应有的大小和色泽，内部坚硬，手搓不碎。

（14）收获期。小麦的收获期指的是小麦生长周期中，小麦籽粒达到成熟状态可以进行收割的时期。

2. 小麦在不同的生育时期需要的外界条件

（1）出苗期需要的外界条件。昼夜平均气温 12～18 ℃、土壤含水量 15%～20% 时即可播种。

（2）分蘖期需要的外界条件。温度在 10 ℃ 左右，天气晴朗，水肥充足，有利于分蘖。

（3）拔节期需要的外界条件。拔节期对水分的需要量占小麦整个生育期的 32%。日照充分，温度在 12 ℃ 左右对形成矮秆、抗倒伏的茎秆有利。此期还需要充足的养分，强光照及较高的温度，遇重霜或低于 -3 ℃ 的低温则受冻害。

（4）开花期需要的外界条件。开花期最低温度为 10 ℃，一般日平均温度为 13～18 ℃，空气相对湿度为 60%～80%，天气晴朗有微风有利于开花授粉。

（5）成熟期（包括乳熟期、蜡熟期、完熟期等）需要的外界条件。温度在 20 ℃ 左右，日照充足，土壤水分适宜，有充足养分，有利于灌浆成熟。

二、小麦的产量

小麦的产量由穗数、穗粒数和粒重三个因素决定。在不同产量水平下，各因素对小麦产量贡献率不同。三个因素之间存在着一定的制约关系，只有三者的乘积最大时，才能获得最高产量。

1. 穗数

小麦穗数决定于基本苗数和单株有效分蘖数。决定穗数多少的时期是抽穗期。从播种到抽穗的各种生态环境和生育状况，都对穗数存在一定的影响和制约作用。

2. 穗粒数

小麦幼穗分化是在拔节孕穗期进行的，穗粒数的多少是开花受精6~7天后定下来的，它取决于分化小花的数量和小花与籽粒退化的程度。

3. 粒重

粒重除了受遗传因素控制外，还受各种生态因素和植株营养状况的影响。

三、冬小麦栽培技术要点

1. 选用良种

选用通过国家或地方作物品种审定委员会审定的适宜本地区种植的小麦品种。

2. 合理密植

冬小麦的适播期在10月中旬，最晚不宜晚于11月上旬。适播期内基本苗在22万~30万株/亩，晚播小麦每晚播一天，应增加播种量0.4~0.5 kg/亩，但最高不能超过22~25 kg/亩。冬小麦播种如图5-9所示。

图5-9　冬小麦播种

3. 平衡施肥

上底肥，一般亩施纯氮肥 5~7 kg、五氧化二磷（磷肥有效态）5~6 kg、氧化钾 4~5 kg，同时施用商品有机肥 100~200 kg，为补充微量元素应亩施硫酸锌 1 kg、硼砂 0.5 kg、硫酸锰 1.5 kg，与 5~15 kg 细土混匀后，于整地前撒施。

4. 田间管理

（1）播后镇压。一般在播种后 2~3 天表土略发干，墒情适宜时镇压，镇压器重 100~130 kg/m 播幅。

（2）查苗补苗。小麦出齐苗后应尽早查苗，对 20 cm 以上断垄补苗。

（3）冬灌。播后已镇压、越冬前土壤墒情好的麦田，不浇越冬水。遇秋冬季干旱，越冬前 0~40 cm 土层含水量低于 65% 时，应浇越冬水。沙薄地应浇越冬水。畦灌地块冬灌在平均气温稳定降至 3~4 ℃、"夜冻昼消"时进行，灌水量 40 m^3/亩。微喷灌、喷灌地块宜在平均气温 5~6 ℃，夜间最低气温不低于 0 ℃ 时进行灌水，灌水量 20~30 m^3/亩。

（4）除草。节节麦、雀麦等禾本科杂草多的地块要在冬前除草。防治节节麦用 30 g/L 的甲基二磺隆可分散油悬浮剂 25~30 mL/亩；防治雀麦用 70% 的氟唑磺隆水分散粒剂 3 g/亩，或 4% 的啶磺草胺可分散油悬浮剂 15 mL/亩；防治大穗看麦娘、野燕麦用 15% 的炔草酯水乳剂 30 mL/亩。防治播娘蒿、荠菜、麦家公、麦瓶草等阔叶杂草用 50 g/L 的双氟磺草胺悬浮剂 5 mL/亩+56% 的二甲四氯钠可溶性粉剂 80 g/亩，还可加入 40% 的唑草酮水分散粒剂 4 g/亩混配。麦田喷药除草如图 5-10 所示。

（5）返青期管理。土壤相对含水量低于 65% 时，畦灌地块灌水量 40 m^3/亩，微喷灌、喷灌地块 20 m^3/亩。

（6）起身拔节期管理。畦灌地块灌水量 50 m^3/亩，结合灌水追

图 5-10 麦田喷药除草

施纯氮肥 6~7 kg/亩,微喷灌、喷灌地块灌水量 30 m³/亩。防治播娘蒿、荠菜、麦家公、麦瓶草等阔叶杂草用 50 g/L 的双氟磺草胺悬浮剂 5 mL/亩+56% 的二甲四氯钠可溶性粉剂 80 g/亩,结合化学除草,针对麦田病害发生情况加入戊唑醇、氟环唑、丙环唑、三唑酮等杀菌剂混合喷施,可兼治纹枯病、早期白粉病等。

(7) 孕穗期管理。孕穗期在最低气温低于 0 ℃ 的寒流来临前,对发育偏早、土壤墒情不足的麦田抢浇水,喷施芸苔素内酯及复合多元叶面肥。

(8) 抽穗开花期。畦灌地块灌水量 50 m³/亩,微喷灌、喷灌地块灌水量 25~30 m³/亩,结合灌水补追纯氮肥 2 kg/亩。开花期重点防控小麦赤霉病、白粉病、锈病以及吸浆虫成虫、麦蚜。施药选用戊唑醇、咪鲜胺、氰烯菌酯、吡唑醚菌酯、肟菌酯的复配制剂,可防治赤霉病(于小麦始花期用药),兼防白粉病、锈病。施药选用噻虫嗪、吡虫啉,混配高效氯氰菊酯,可防治吸浆虫成虫,兼防麦蚜。同时可加入磷酸二氢钾 100 g/亩或其他叶面肥防早衰。

(9) 成熟期。成熟期重点监测白粉病、锈病、叶斑病等病害发生情况。遇病害重发年份，可选用戊唑醇、氟环唑、丙环唑、吡唑醚菌酯、肟菌酯等杀菌剂防治。同时加入磷酸二氢钾 100 g/亩或其他叶面肥防早衰。麦田最后一次施药与小麦收获的间隔天数应在 20 天以上，可在蜡熟末期适时收获。成熟期收获小麦如图 5-11 所示。

图 5-11　成熟期收获小麦

模块 3　玉米栽培

一、玉米生育期需要的外界条件

1. 玉米生育期划分（分为不同的生育时期）

（1）发芽期。这是玉米生育期的起始。

（2）出苗期。幼苗第一片叶出土，苗高 2~3 cm 时为出苗期。

（3）拔节期。以玉米雄穗生长锥进入伸长期为拔节期的主要标志，此期茎基部已有 2~3 个节间开始伸长，植株开始旺盛生长，叶龄指数为30左右。

(4) 小喇叭口期。全田60%以上的植株雌穗进入伸长期,雄穗进入小花分化期,叶龄指数为46左右。

(5) 大喇叭口期。玉米植株外形大致是棒三叶（果穗叶及其上下两片叶）大部分伸出,但未全部展开,心叶丛生,形似大喇叭口。大喇叭口期玉米如图5-12所示。

图5-12 大喇叭口期玉米

(6) 抽雄期。节根层数、基部节间长度基本固定,雄穗分化已经完成,雄穗主轴露出顶叶3~5 cm。

(7) 开花期。雄穗主轴小穗花开花散粉,此时雄穗的分化发育接近完成。

(8) 抽丝期。雌穗花丝从苞叶伸出2 cm左右。

(9) 籽粒形成期。全田60%以上的植株,果穗中部籽粒体积基本建成,胚乳呈清浆状,故这个时期又称灌浆期。籽粒形成期玉米如图5-13所示。

(10) 乳熟期。全田60%以上的植株,果穗中部籽粒干重迅速积累并基本建成,胚乳先是呈乳状,后又呈糊状。

图 5-13 籽粒形成期玉米

（11）蜡熟期。全田 60% 以上的植株果穗中部籽粒干重接近最大值，胚乳呈蜡状，用指甲可以划破。

（12）成熟期。籽粒变硬，呈现品种固有的形状和颜色，胚位下方尖冠处出现黑色层。

2. 玉米在不同的生育时期需要的外界条件

（1）发芽期需要的外界条件。影响种子发芽的主要因素是温度和水分。种子发芽的最低温度为 6 ℃，最适温度为 10~12 ℃，最快温度为 25~30 ℃，最高温度为 50 ℃。种子吸收水分达到自身重的 45%~50% 时才能发芽，发芽期要求土壤含水量应占田间最大持水量的 65%~70%。

（2）出苗期需要的外界条件。温度是影响幼苗生长的重要因素，在一定温度范围内，温度越高，生长越快。当地温在 20~24 ℃ 时，根系生长较快；4~5 ℃ 时，根系生长完全停止。

玉米出苗期需水量较小，耐旱能力较强，但抗涝能力较弱。

玉米出苗期吸收的氮占整个生育期所需总量的 6.5%~7.2%，吸收的磷占整个生育期所需总量的 2%~3%，吸收的钾占整个生育期所需总量的 6.5%~7.0%。

(3)拔节抽雄期（从拔节至雄穗抽出）需要的外界条件。在 15~27 ℃范围内，温度越高，拔节速度越快。当日照、养分、水分适宜，且日平均温度在 22~24 ℃之间，既有利于植株生长，又有利于幼穗分化，从拔节到雄穗抽出所用的时间随温度升高会相应缩短，且雄穗和雌穗分化速度也会加快。

玉米是需水较多的作物，此期玉米需水量约占其一生需水总量的 23%~32%。这一时期的土壤含水量应保持在田间最大持水量的 70%左右。

从拔节开始，玉米对营养元素的需要量逐渐增加。拔节抽穗期，玉米对氮的需要量占其一生所需总量的 60%~65%；对磷的需要量占 55%~65%；对钾的需要量较多，占 85%左右。拔节抽穗期所需的磷、钾肥通常在播种时以口肥（即在播种时施在种子附近或随种子同时施下的肥料）方式施入，氮肥一小部分以口肥方式施入，大部分在拔节后以追肥方式施入。

(4)开花期（从雄穗抽出至雌穗受精完毕）需要的外界条件。玉米在此期要求日平均温度为 25~26 ℃，土壤含水量以田间最大持水量的 80%~85%为宜，对氮、磷的吸收量接近其一生所需总量的 20%，对钾的吸收量占其一生所需总量的 28%左右。

(5)籽粒形成期（从受精花丝自然脱落到籽粒脐部黑色层出现）需要的外界条件。此期玉米要求日平均温度为 20~24 ℃，温度对玉米粒重的影响较大，对穗粒数的影响相对较小。

从受精到其后的 20 天前后，是玉米一生中水分需要量大、反应敏感的时期，此期通常被称为玉米需水临界期。

籽粒灌浆期间同样需要吸收较多的养分。

二、玉米的产量

玉米的产量由穗数、穗粒数、粒重三个因素决定。

1. 穗数

穗数受密度影响最大，施肥水平、水分供应情况也会影响穗数。

2. 穗粒数

穗粒数取决于果穗上种子的行数和每行粒数，每穗行数主要由品种特性决定，但种植密度、水肥运筹、温度、光照等对穗粒数也有一定作用。

3. 粒重

粒重是在授粉至成熟期间形成的，主要取决于开花以后绿色叶面积的大小、单位光合面积的光合效率和灌浆时间的长短。

三、春玉米栽培技术要点

1. 整地施肥

精细整地是保证播种质量的重要措施。对春玉米来说，最理想的是秋整地，因为春整地容易失墒，土块不易破碎，会影响播种质量。

2. 播种

适时早播是保证出苗质量的重要环节之一，可以 5~10 cm 耕层地温稳定在 7~8 ℃时作为适宜播种期。

播种深度宜为 2.5~4.0 cm，播后应镇压。墒情较差的壤土、砂土以及其他一般类型的土壤，应随播随镇压；土壤水分适宜的轻质壤土，可在播后 0.5~1 天进行镇压；土质黏重或含水量较大的土壤，应在播后地表稍干时再轻轻镇压。

3. 田间管理

（1）出苗期管理。对肥水需求不多的出苗期，应供给玉米苗生长所需养分与水分，加强苗期田间管理，培育大苗、壮苗。

（2）拔节抽穗期。在拔节到抽雄（雄穗抽出）这一旺盛生长阶段，应做好追肥、铲地趟地、灌水等田间管理，满足玉米生长发育所需。玉米追肥如图 5-14 所示。

图 5-14　玉米追肥

（3）花期。花期是玉米一生中最关键的生育时期，在肥水条件较差的土壤上，应重施拔节肥；在肥水充足的条件下，氮肥施用时期可推迟到抽雄前的 7~10 天。

（4）粒期。延长灌浆期，适当晚收，使生育期长的品种实现完熟。

四、夏玉米栽培技术

1. 品种选择

应选用适宜本地种植的、优质专用、高产稳产、对病害（穗腐病、茎腐病等）及倒伏等抗逆性强的品种。想要籽粒直收，应考虑选择穗位整齐一致、灌浆速度快、脱水快且早熟的玉米品种。

2. 播种

（1）播种机选择。应选择符合行业标准的种肥同播、单粒精量施肥播种机，以确保较高的播种质量、出苗质量及整齐度。推荐采用带秸秆粉碎抛洒功能的玉米清垄免耕施肥播种机。玉米播种如图 5-15 所示。

图 5-15　玉米播种

（2）种植密度。应采用相应品种玉米的推荐种植密度，一般种植密度为 4 300~4 700 株/亩，耐密品种种植密度为 4 800~5 300 株/亩。（种植密度是指播种群体的最后密度，每亩播种籽粒数是上述种植密度数值的 1~3 倍。）

（3）播种时间。建议前茬作物收获后抢时贴茬早播，播种深度为 3~5 cm，行距为 60 cm。一般玉米的播种期在 6 月中旬。

3. 田间管理

（1）灌水。玉米生育期重点要保证出苗期、大喇叭口期和开花期的水分供应，尤其是出苗期和大喇叭口期的供水，其他时期可结合植株田间长势、叶片萎蔫情况、土层含水量及降雨预报等情况，在不影响玉米生长发育的前提下减少灌溉。

玉米可播种后再进行灌溉，并根据土壤墒情及降雨预报情况调整灌水量；推荐使用微喷灌或滴灌设施进行灌溉，一般灌溉量为 20~30 m³/亩。

保证大喇叭口期和开花期的田间土壤相对含水量为65%~75%和70%~75%。天气干旱，田间土壤相对含水量降低，叶片出现轻微卷曲时，应结合降雨预报及时灌溉。

其他时期耕层土壤相对含水量低于一定阈值，且影响玉米生长发育时，应进行补充灌溉。水分含量阈值出苗拔节期为55%，灌浆前期为65%~70%，灌浆后期为60%。

（2）施肥。建议总施肥量为纯氮肥12~16 kg/亩，五氧化二磷3~5 kg/亩，氧化钾8~12 kg/亩；也可选用具有缓释功能的玉米专用复合肥（养分总含量不低于45%），施肥量为50~60 kg/亩。

（3）病虫草害防治。出苗拔节期，重点防治玉米螟、黏虫、二点委夜蛾、棉铃虫、地老虎、蓟马等虫害。拔节抽穗期，重点防治褐斑病、弯孢霉叶斑病等病害以及玉米螟、黏虫、棉铃虫等虫害。

玉米田主要杂草为马唐、稗草、牛筋草等。除草剂可选用硝磺草酮悬浮剂、烟嘧磺隆可分散油悬浮剂等，使用除草剂时注意用药量应随着土壤质地、土壤墒情等条件的变化而变化；苗后除草可在玉米3~5叶期采用烟嘧·特丁津可分散油悬浮剂、硝磺·莠去津可分散油悬浮剂等兑水进行苗后喷雾除草。

病虫害绿色防治推荐采用生物、物理防治为主，化学防治为辅的方法进行防治。化学防治方法：采用高效氯氰菊酯乳油，或氯虫苯甲酰胺悬浮剂，或氯虫·噻虫嗪水分散粒剂等喷施防治玉米螟、棉铃虫、黏虫、二点委夜蛾、蓟马等苗期害虫；采用吡虫啉、啶虫脒或抗蚜威可湿性粉剂等喷雾防治蚜虫；采用苯醚甲环唑悬浮剂等预防褐斑病。给玉米喷药如图5-16所示。

（4）控旺调节。玉米叶片6~8叶龄时可喷施控旺调节剂调节株高及穗位高，预防倒伏。

（5）灌水。拔节后遇干旱、高温天气应及时灌水。

图 5-16　给玉米喷药

模块 4　谷子栽培

一、谷子生育期需要的外界条件

1. 谷子生育期划分（分为不同的生育时期）

（1）种子萌发期。这是谷子生育期的开始。

（2）幼苗期。从种子萌发出苗至开始生长次生根为幼苗期。

（3）拔节期。从谷子生长次生根至开始拔节称为拔节期。拔节期谷子如图 5-17 所示。

（4）孕穗期。从拔节至抽穗是谷子的孕穗期。

（5）抽穗开花期。谷子在这一阶段开始抽穗，随后开花。这是谷子生殖生长的重要阶段，关系到谷子的质量和产量。

（6）灌浆成熟期。从谷子开花受精开始到籽粒灌浆饱满，最终成熟。这一阶段是谷子籽粒形成和积累营养物质的关键时期。灌浆成熟期（末期）谷子如图 5-18 所示。

图 5-17　拔节期谷子

图 5-18　灌浆成熟期（末期）谷子

在谷子的栽培过程中，也可将生育前期称为苗质量决定期，将生育中期称为穗花数决定期，将生育后期称为穗粒重决定期。

2. 谷子在不同的生育时期需要的外界条件

（1）种子萌发期需要的外界条件。谷子在 8 ℃左右即可发芽，但低于 5 ℃时种子发芽缓慢，24~25 ℃时发芽最快。

(2)幼苗期需要的外界条件。幼苗期生长的适宜温度为20~22 ℃,对光照反应敏感,出苗至拔节前所需养分占全生育期吸收量的2%~4%。

(3)抽穗开花期需要的外界条件。抽穗适宜温度为22~25 ℃,低于13 ℃时谷子不能抽穗。作为短日照作物,此期谷子对日照时间极为敏感,缩短光照能加快幼穗的分化速度。

开花适宜温度为22~25 ℃。谷子需氮素较多,在开花前应适时追施速效氮肥。

(4)灌浆成熟期需要的外界条件。适宜温度为20~22 ℃,此期需要充足的光照条件。灌浆成熟期(初期)谷子如图5-19所示。

图5-19　灌浆成熟期(初期)谷子

二、谷子的产量

谷子的产量由穗数、小穗数、小穗粒数和穗粒数、粒重几个因素决定。

1. 穗数

穗数主要由留苗密度决定,但密度过高或过低都不能实现高产稳产。

2. 小穗数

谷子一级分枝分化时，是小穗数形成的开始阶段。在正常生长发育条件下，小穗数的多少与产量关系不大，但在抽穗前后的小穗伸长阶段，谷子如果受外界影响导致小穗数大量减少，并已超越粒数与粒重之间自动调节能力，产量将受不同程度的影响。

3. 小穗粒数和穗粒数

小穗粒数的多少直接影响穗粒数，而穗粒数的多少又直接影响穗重并左右产量的高低。因此穗粒数是影响谷子产量的主要因素。

4. 粒重

粒重是影响谷子产量的比较稳定的一个因素，同一品种在不同栽培条件下种植，粒重变化幅度很小。

三、谷子栽培技术要点

1. 播前准备

（1）茬口选择。前茬一般选择小麦、豆类、薯类、花生、玉米、高粱等作物，进行2~3年轮作倒茬。

（2）整地。前茬作物收获后在冬前或第二年春天深翻，深度为20~30 cm。夏播麦茬地机械粉碎麦茬后，可进行免耕播种。

2. 品种选择

选择已登记的优质、抗拿捕净除草剂、适合机械化收获的谷子的常规种或杂交种，最好能抗白发病、谷瘟病、锈病等主要病害。

3. 播种

（1）播种时期。燕山、太行山及季节性休耕区等雨养旱作区，应于4月下旬以后等雨播种。山前平原两年三作区麦茬地，应于小麦收获后等雨或造墒播种。春播不晚于5月30日，夏播不晚于7月15日。

（2）播种方式。大地块采用与拖拉机配套的多行谷子精量条播机，其中麦茬地使用免耕播种机。种植行距为40~50 cm，播种深度为3~5 cm，覆土要均匀一致，并及时镇压。谷子播种如图5-20所示。

图5-20　谷子播种

（3）施肥。种、肥不同播的小地块，在播前旋耕时，亩施入氮磷钾三元复合肥（氮磷钾总量≥40%，氮≥18%）30~40 kg、生物有机肥100~200 kg；种、肥同播地块，亩施入氮磷钾三元复合肥（氮磷钾总量≥40%，氮≥18%）10~30 kg（麦茬地可酌情减施三元复合肥），生物有机肥50~100 kg；降水量在380~450 mm的雨养旱作区，应在施肥的同时亩施入绿色新型保水剂3~5 kg。

（4）播种量。一般播种量为0.3~0.6 kg/亩，应严格按照品种说明书执行。

（5）留苗密度。一般春谷常规种留苗密度为2万~3万株/亩，杂交种留苗密度为1万~2万株/亩；夏谷常规种留苗密度为3万~6万株/亩，杂交种留苗密度为2万~3万株/亩。

4. 田间管理

（1）间苗、除草。抗拿捕净除草剂谷子品种一般在谷苗3~5叶期，杂草2~3叶期，或出苗后10~15天均匀喷施配套除草剂，用12.5%的烯禾啶80~100 mL/亩。对于阔叶杂草，应每亩采用二甲四氯盐水剂（有效成分750 g/L）40 mL兑水30 kg喷施。

(2) 中耕、追肥。在苗高 35~45 cm 或出苗后 30 天左右，采用中耕施肥机进行中耕施肥，亩追施尿素 5~10 kg。中耕后要求土块细碎，沟垄整齐。中耕除草施肥深度为 3~5 cm。

(3) 叶面追肥。叶面追肥时，应与大量元素配合追施谷子必需的微量元素。在拔节期或者灌浆期亩喷施 0.2%~0.3%的磷酸二氢钾 100~150 g，兑水 30 kg；如果有富硒农产品需求，可亩喷施 1.5%~2.0%的亚硒酸钠富硒叶面肥 80~100 g，兑水 30 kg。

(4) 病虫害防治。出苗后 10~15 天，用拿捕净除草剂+菊酯（4.5%的高效氯氰菊酯乳油）+10%的吡虫啉可湿性粉剂+10%的苯醚甲环唑+5%的菌毒清可湿性粉剂等，防治苗期病虫害。抽穗前用康宽（200 g/L 的氯虫苯甲酰胺）和菊酯类农药（如5%的高效氯氟氰菊酯）30 mL 防治玉米螟、黏虫、棉铃虫等虫害和穗瘟病、谷锈病等病害。抽穗后用 4.5%的高效氯氰菊酯 EC 1 000 倍液与 20%的三环唑 WP 1 000 倍液等杀菌剂混合，全田喷雾，可防治玉米螟、粟灰螟、黏虫、谷瘟病，兼治棉铃虫、双斑长跗萤叶甲、椿象、红蜘蛛、谷锈病等。药剂应随用随配，并严格按照农药安全间隔期使用。

5. 收获谷子

适时收获是保证谷子丰产的重要环节，一般在蜡熟末期或完熟初期收获最好。

模块 5　棉花栽培

一、棉花生育期需要的外界条件

1. 棉花生育期划分（分为不同的生育时期）

(1) 播种出苗期。从播种到子叶出土展平为播种出苗期。

(2) 幼苗期。从出苗至长出三叶为幼苗期。

(3) 蕾期。棉株上出现第一个直径达 3 mm 的三角形花蕾,称棉株现蕾,现蕾棉株达 50%时为蕾期。

(4) 花铃期。棉花从开花到开始吐絮称为花铃期,这是棉花一生中需肥、需水最多的时期。花铃期棉花如图 5-21 所示。

图 5-21 花铃期棉花

(5) 吐絮期。棉株第一个棉铃的铃壳正常开裂见絮为吐絮,从开始吐絮到全田收花基本结束,称为吐絮期。

2. 棉花在不同的生育时期需要的外界条件

(1) 播种出苗期需要的外界条件。棉花种子萌发的最低温度为 10.5 ℃,最高温度为 45 ℃,适宜温度为 28~30 ℃;播种出苗要求 0~20 cm 土层的含水量占田间持水量的 70%~80%。

(2) 幼苗期需要的外界条件。幼苗期适宜温度为 18~25 ℃,12 ℃以上的日平均温度有利于棉苗生长;幼苗期对土壤水分要求不高,0~40 cm 土层的含水量以占田间持水量的 60%~70%为宜;幼苗期养分吸收占全生育期 2%~5%。

(3) 蕾期需要的外界条件。现蕾的临界温度为 19 ℃,在 19~35 ℃范围内,随温度上升,现蕾速度会加快。盛蕾期是棉花的需水临界期，0~60 cm 土层的含水量以占田间持水量的 70%~80%为宜。蕾期养分吸收占全生育期的 10%左右。

（4）花铃期需要的外界条件。棉花开花要求的最低温度为 23 ℃，适宜温度为 25~30 ℃，此期日照时数是决定棉花产量的最关键因素，花铃期吸收的氮素占全生育期的 30%左右，磷和钾占 50%~65%。

（5）吐絮期需要的外界条件。吐絮期要求天气晴朗，若遇连阴雨天气则棉株下部棉铃易发生病害造成烂铃。个别年份烂铃率可达 20%，会严重降低棉花的产量和品质。

二、棉花的产量

棉花的产量由单位面积株数、单株铃数、单铃重、衣分四个因素决定。

1. 单位面积株数

在定苗情况下，单位面积株数由留苗密度决定；在精量播种不定苗情况下，单位面积株数由播种量与出苗率决定。

2. 单株铃数

单株铃数与单位面积株数互相制约，随着单位面积株数增加，单株铃数会下降。花铃期水肥管理、日照时数、温度等条件对单株铃数均有显著影响。

3. 单铃重

单铃重由棉花品种遗传特性决定，相对稳定，变幅很小，但在生产过程中又受生态环境和栽培条件影响。影响单铃重的外界因素主要有温度、光照、水肥供应、营养生长与生殖生长关系、病虫危害等。

4. 衣分

衣分指棉花纤维（皮棉）质量占籽棉质量的百分数。衣分主要受品种的遗传特性影响，也受土壤、水肥供应、气候条件的影响，但变幅较小。

三、黄河流域棉花栽培技术要点

1. 播前准备

（1）秸秆处理。棉花秸秆可在收获棉花后采用粉碎机直接粉碎还田。

（2）有机肥深翻。可以有机肥、无机肥配施以减少无机肥用量。有机肥可采用传统有机肥或商品有机肥，每3~5年于冬前深翻一次，深度大于25 cm，可将3~5年的有机肥量结合深翻一次施入。

（3）化肥施用。棉田可亩施棉花专用复合肥35~40 kg/亩。深翻年份可将化肥撒施于地表后灌水，平常年份可将化肥随旋耕机旋地时施入。

（4）灌水与旋耕耙耱。亩灌水50~60 m^3，灌水后当土壤含水量降至适宜时，旋耕耙耱。

（5）喷施除草剂。棉田除草剂可采用混土型，如在耙耱前于地表喷施48%的氟乐灵乳油100~150 mL/亩；或采用封闭型，如在播种后于地表喷施90%的二甲戊灵乳油100~150 mL/亩（兑水15 kg），均匀喷洒于地表。

2. 播种

（1）备种。选用纤维品质优良的审定品种，要具有抗病、早熟等特性。

（2）播种时间。适播期为4月中下旬。

（3）播种方法。等行距（行距为76 cm）或大小行（大行距为80~90 cm，小行距为45 cm）播种。设计密度6 000~7 000 株/亩，成苗密度5 000~5 500 株/亩。用棉花播种机一次完成开沟、播种、铺膜、覆土等作业。黄河流域棉花播种如图5-22所示。

（4）播种深度。播种深度为2.0~3.0 cm。

（5）播种量。亩播种量为1.0~1.5 kg。

图 5-22 黄河流域棉花播种

3. 田间管理

(1) 中耕培土。棉花幼苗期与蕾期中耕 2~3 次,加强除草。现蕾后起垄培土,在棉行形成约 15 cm 高的垄背。

(2) 灌水与追肥。6月中旬至 8 月中旬,耕层土壤含水量低于相对持水量的 60%,或棉花在中午出现萎蔫现象,无预期降水情况下要进行灌溉,灌水量为 40~50 m^3/亩。

(3) 打顶。7 月 15—20 日,单株果枝有 12~13 个时,要打顶。

(4) 缩节胺化控。棉花出现旺长趋势或遇连阴雨天气时要进行化控,遵循"勤调轻控"原则,每次缩节胺用量宁少勿多,根据棉花长势可多次喷施。亩用量控制在苗期 0.5 g,蕾期 1.5~2.0 g,初花期 2.5~3.0 g,盛花期 4.0~4.5 g。

4. 病虫害防治

对于三代棉铃虫,可选用 8 000 IU/mg 的苏云金杆菌(100~500 g/亩)或 20% 的氯虫苯甲酰胺悬浮剂(10 mL/亩)等药物进行喷药防治。对于蚜虫,可选用 22% 的氟啶虫胺腈悬浮剂(20 mL/亩)+ 50% 的吡蚜酮可湿性粉剂(15 g/亩)进行喷雾防治。对于棉盲蝽,可喷施22%的氟啶虫胺腈悬浮剂（50 mL/亩）等药物。对于红蜘蛛，遭遇旱情时及时灌溉可减轻红蜘蛛的发生危害，另外可喷施1.8%的阿维菌素乳油（15 mL/亩）等药物。防治烂铃，可在7月底、8月初喷施25%的吡唑醚菌酯悬浮剂。

四、西北内陆棉花栽培技术要点

1. 品种

选用生育期为130~135天，优质、高产、抗枯萎病、耐黄萎病，且第一果节高度不低于18 cm、株型紧凑、抗倒伏、吐絮集中、成熟一致、适宜机采的棉花品种。

2. 肥料

（1）基肥。基肥应选用棉花专用缓控释复合肥（由控释尿素、磷酸二铵、硫酸钾、重过磷酸钙掺混而成）。

（2）追肥（滴灌肥）。追肥用尿素和硫酸钾。

（3）叶面水溶肥。棉花专用叶面水溶肥包括微量元素水溶肥、大量元素水溶肥和有机水溶肥。

（4）行距配置要求。采用宽窄行或等行距机采棉种植模式。膜宽1.25 m或2.05 m。精量播种，用种量为每亩1.5 kg左右。

3. 主要栽培技术

（1）播前准备

1）灭茬、清田。前茬作物收获后，要灭茬、捡净地膜，并进行平地作业。

2）春灌。3月中上旬，地表解冻后要进行灌水，用水量为150~200 m³/亩。墒情较好、盐碱轻的地块，可以适当减少灌水量。

（2）施基肥、整地和土壤处理

1）施基肥。将缓控释复合肥（50 kg/亩）、生物有机肥（100 kg/亩）撒施均匀。

2)整地和土壤处理。整地要求为：地块平整、土壤细碎、上虚下实。犁地、切地、耙地1遍后用33%的二甲戊灵（150~200 mL/亩）均匀喷雾，然后耙耱2遍，可根据土壤墒情封闭2 h后播种。

(3)播种。播期为4月5—15日，精量播种时，每穴下种1粒，播深2~3 cm，保持播深一致。播种时要注意机械配套作业，确保适墒播种，一播全苗。播种后要及时查膜、封孔。西北内陆棉花播种如图5-23所示。

图5-23　西北内陆棉花播种

(4)放苗、查苗补种和中耕

1)放苗。放苗应适时，晴天放苗应避开中午，播后遇雨土壤板结，要及时破除土块，助苗出土。

2)查苗补种。逐行检查，如有缺苗断垄现象，应及时补种。

3)中耕。播种后至现蕾期机械松土，应达到"宽、深、松、碎、平、严"标准，不损伤地膜、不埋苗，使土壤平整、松碎。中耕次数为2~3次。

(5)化控。坚持"早、轻、勤"的调控原则，根据棉花生长特性进行化控，随地、水肥条件、天气状况等灵活变化化控措施。缩节胺用量：5月中下旬，植株有3~5片真叶时，亩施0.5~1.0 g；6

月初,植株有 6~8 片真叶时,亩施 0.8~1.5 g;6 月下旬至 7 月上旬,盛蕾初花期,亩施 1.0~1.5 g;7 月中下旬打顶后 5~7 天,亩施 10~15 g 封顶。

(6) 滴灌和滴灌施肥。追肥时氮肥为尿素,钾肥为硫酸钾。于 6 月 10 日左右开始滴水,6 月份根据苗情滴水 2~3 次。第一水水量为 30 m^3/亩,不施肥。6 月 20 日(初花期)滴第二水,水量为 20 m^3/亩,以后可根据土壤墒情每次滴水 25~30 m^3/亩,每次追肥 2~4 kg/亩。8 月中旬停肥,9 月初停水,全生育期滴水 10~12 次。棉田滴灌如图 5-24 所示。

图 5-24 棉田滴灌

(7) 虫害防治

1) 棉蓟马。采用 20%的啶虫脒 2 500 倍液+2%的阿维菌素 1 500 倍液,或 10%的吡虫啉可湿性粉剂 2 000 倍液+2%的阿维菌素 1 500 倍液交替防治。

2) 棉蚜。选用 20%的啶虫脒,亩用 15~20 g,兑水 40 kg 喷施防治蚜虫。

3) 棉铃虫。使用甲氨基阿维菌素苯甲酸盐、茚虫威、棉铃虫核型多角体病毒、氯虫苯甲酰胺、四氯虫酰胺等农药及时防治,注意农药应轮换使用,并及时检查防效。

4)棉叶螨。通过秋耕冬灌、轮作倒茬、合理布局、加强田间管理、合理施肥等措施增强棉株抗性,以减轻危害程度。红叶株率达到20%~30%时,进行化学药剂喷雾防治,可选择1.8%的阿维菌素乳油2 000~3 000倍液、15%的哒螨灵乳油1 000~2 000倍液等。

(8)脱叶催熟和适时采收

1)脱叶催熟。施药前后3~5天内日均温度不低于18 ℃,棉花的吐絮率在40%左右时,开始喷施脱叶剂。亩用脱吐隆15 g+助剂40 g+乙烯100 mL或50%的噻苯隆可湿性粉剂40 g+40%的乙烯利水剂80~120 mL。施药应选择无风、无雨天气进行,注意喷洒均匀、不漏喷,遇雨应重喷。正常年份9月15—25日完成脱叶工作。

2)适时采收。严格控制采收标准,当棉田脱叶率≥90%、吐絮率≥95%、籽棉回潮率≤12%时适时采收。棉花机械收获如图5-25所示。

图5-25 棉花机械收获

模块6　花生栽培

一、花生生育期需要的外界条件

1. 花生生育期划分（分为不同的生育时期）

（1）发芽出苗期。从播种到50%的幼苗出土并展开第一片真叶为发芽出苗期。

（2）幼苗期。从50%的种子出苗到50%的植株第一朵花开放为幼苗期。幼苗期花生如图5-26所示。

图5-26　幼苗期花生（扫描封底二维码可查看清晰彩图）

（3）开花下针期。从50%的植株第一朵花开放到50%的植株出现鸡头状的幼果为开花下针期。

（4）结荚期。从50%的植株出现鸡头状幼果到50%的植株出现饱果为结荚期。结荚期花生如图5-27所示。

（5）饱果成熟期。从50%的植株出现饱果到荚果饱满成熟收获

图 5-27　结荚期花生

为饱果成熟期。

2. 花生在不同的生育时期需要的外界条件

（1）发芽出苗期需要的外界条件。当土壤含水量为田间持水量的 60%~70% 时，发芽率最高；当土壤含水量低于田间持水量的 50%，易出苗不齐；当土壤含水量达田间持水量的 80% 时，种子呼吸困难，发芽率下降。适宜气温为 15~30 ℃。另外，花生在萌动发芽时，要求土壤有良好的通透性。

（2）幼苗期需要的外界条件。幼苗期适宜气温为 20~27 ℃；幼苗期较耐旱，土壤含水量为田间持水量的 50%~60% 较适宜。

（3）开花下针期需要的外界条件。开花下针期适宜气温为 23~28 ℃，以土壤含水量为田间持水量的 60%~70% 为宜。充足的阳光，可促进早开花，使花多花齐。

（4）结荚期需要的外界条件。土壤含水量为田间持水量的 60% 较适宜，适宜气温为 25~33 ℃。

（5）饱果成熟期需要的外界条件。适宜土温为 25~30 ℃，此期要求土壤湿润、天气晴朗温暖。

二、花生的产量

花生的产量由株数、单株荚果数、荚果重三个因素决定。

1. 株数

株数是决定产量的主导因素,主要受播种量、出苗率和成株率影响。

2. 单株荚果数

花多、花齐是荚果高产的前提。单株荚果数主要受第一、二对侧枝发育状况,花芽分化状况,受精率,结实率的影响。

3. 荚果重

决定荚果重的因素主要是荚果内种子的粒数和粒重。粒数由胚珠受精率和受精胚珠发育率决定,而胚珠受精率和受精胚珠发育率又与开花下针期、结荚期的空气湿度、温度、营养状况等有关。粒重与果针入土的早晚和结荚期、饱果成熟期营养供应状况有关。

三、花生栽培技术要点

1. 选择适宜品种

根据产区优势、种植习惯、用途等选择不同类型的花生新品种。种子纯度应不低于96%,净度应不低于99%,发芽率应不低于80%,水分含量应不高于10%。

2. 播前准备

(1) 整地与施肥。冬前耕地,早春顶凌耙耢。耕地深度在一般年份为25 cm,在深松年份为30~33 cm,每2年进行1次深耕。结合耕地施足底肥,每亩施用商品生物有机肥100 kg或养分总量相当的腐熟牲畜粪肥800~1 000 kg做底肥,忌用鸡粪。

(2) 种子处理。播种前10天左右,晒果2~3天后可选用种子专用剥壳机剥壳。剥壳后剔除破损、虫蛀、发芽、霉变的种子。针对地下害虫、苗期蚜虫和根茎腐病采用种子包衣或拌种技术防治。

(3) 地膜准备。覆膜种植时地膜宽度为 80~90 cm、透明度 ≥ 80%。如选用降解地膜，降解时间以 90~100 天为宜。

(4) 浇水造墒。春播花生墒情不足的要在播种前 3~5 天浇水造墒。利用雨墒播种的，播种前 3~5 天累计降雨量应不低于 30 mm。

3. 播种

(1) 播种时间。对于春播花生，连续 5 天地温（5 cm）稳定通过 18 ℃后可以开始播种；对于麦后夏播花生，为保证花生有充足光热资源，应尽量缩短小麦与花生的茬口衔接时间，尽早播种，最晚不宜晚于 6 月 15 日。

(2) 播种机械。春播花生宜选用能够一次性完成旋耕、起垄、施肥、播种、镇压、铺设滴灌带、喷施除草剂、覆膜、膜上覆土等工序的多功能播种机。夏播花生宜在小麦收割后选用花生免耕播种机抢时播种。小麦收获后，在不清理麦秸、不灭茬的情况下进行贴茬免耕播种，播种机一次性完成种床整备、侧深施肥、精密播种、覆土、镇压、覆秸等多重工序，实现抢时夏种。花生播种如图 5-28 所示。

图 5-28 花生播种

(3) 播种密度。起垄播种，垄距 85 cm，垄面宽 50~55 cm，垄沟宽 25~30 cm，垄高 10 cm，播种行垄边距 10~12 cm。保证播种深浅一致、分布均匀，覆盖完好，不出现漏播等现象。

1) 春播花生。春播花生可采用小行距（28~30 cm）。单粒播种密度为 15 000~17 000 穴/亩，穴距为 9~10.5 cm；双粒播种密度为 10 000 穴/亩，穴距为 15.7 cm，每穴 2 粒。

2) 夏播花生。夏播花生宜采用大一点的行距（35 cm），由于生育期短，光热资源少，单株开花量小，果数少且秕果多，应增加密度，靠大群体增饱果、提产量。单粒播种密度为 21 000 穴/亩，穴距为 9 cm；双粒播种密度为 12 000 穴/亩，穴距为 16 cm。

(4) 播种深度。一般播种深度 3~5 cm；膜上覆土播种，覆土 2~3 cm，播种深度 1~2 cm。

(5) 播种肥。施肥总量为每亩氮 10~12 kg、磷 8~10 kg、钾 5~6 kg、钙 8~10 kg，其中有机氮与无机氮之比不低于 1∶1。种肥宜选用花生专用缓（控）释复合肥。地膜覆盖种植，一般将全部肥料结合播种匀施于两行花生中间 10 cm 深土层；露地种植，一般将 1/3 的缓（控）释复合肥作为种肥，侧播入 10 cm 深土壤，其余 2/3 的缓（控）释复合肥在开花下针期作为追肥开沟覆土施用。滴灌时，不播种肥。

(6) 喷施除草剂。播种的同时应喷施芽前除草剂。对于春播花生，可亩用 96% 的精异丙甲草胺乳油 45~60 mL 兑水 30 kg，均匀喷洒垄面和垄沟；对于夏播花生，如果播种地块杂草严重，可亩用 50% 的丙炔氟草胺 8 g+50% 的乙草胺 100 mL。喷施除草剂时注意不能在同一地点反复多次喷洒，以防出现除草剂药害。

4. 田间管理

(1) 杂草防除。花生出苗后应及时中耕或喷施芽后除草剂防除垄沟内杂草。如在杂草 3~6 叶期可亩用 10% 的精喹禾灵乳油 25~35 mL，兑水 30 kg，定向喷施到垄沟除草。花生出针后不宜再喷施除草剂，以免产生药害造成针不入土。

（2）浇好关键水。浇足初花水，结荚期遇旱应浇小水，宜采用滴灌或微灌方式。滴灌浇水定额一般为 20~30 m³/亩，保水性好的壤土可采用较小的定额，保水性较差的砂土应采用较大的定额。在没有明显降雨且干旱的情况下，苗期滴水周期为 20 天，其他生育时期一般为 15~20 天。花生灌水如图 5-29 所示。

图 5-29　花生灌水

（3）追肥。露地种植，将 2/3 的缓（控）释复合肥在开花下针期作为追肥开沟覆土施用。滴灌追肥时，可在确定的施肥时期，随滴灌将相应量的肥料水溶液通过施肥设备输入滴灌管道。宜在滴灌中后期开始施肥，施肥结束后应继续滴水不少于 30 min。

（4）化学调控。为提高花生的抗逆性，可在始花期（播种后 30 天左右）、结荚期（播种后 60 天左右）和饱果成熟期（播种后 90 天左右）分别在叶面喷施 0.01% 的芸苔素内酯 10 mL/亩。芸苔素内酯可与防治叶部病害的杀菌剂一同喷施。为防花生徒长，开花下针后期、结荚前期，当植株高度达 30 cm 后，可于叶面喷施生长延缓剂

(亩用15%的烯效唑可湿性粉剂20~40 g，兑水30 kg)，施药后7~10天，在植株高度达40 cm且有旺长趋势时，再喷施一次。

(5) 病虫害防治

1) 虫害防治。常见的地下害虫有蛴螬、金针虫和蝼蛄，地上害虫有斜纹夜蛾、棉铃虫、甜菜夜蛾、蚜虫、蓟马、红蜘蛛等，应根据虫害发生情况及时防治。斜纹夜蛾、棉铃虫、甜菜夜蛾等食叶害虫，可于幼虫3龄前用溴氰菊酯乳油、高效氯氰菊酯乳油、氯虫苯甲酰胺、辛硫磷乳油兑水喷雾防治。蚜虫等刺吸类害虫，可用吡虫啉、噻虫嗪等进行防治。蓟马可用吡虫啉、噻虫嗪、乙基多杀菌素、丁硫克百威等进行防治，菊酯类药剂对蓟马无效。红蜘蛛可用哒螨灵、螺螨酯、阿维菌素等进行防治。

2) 叶部病害防治。花生主要的叶部病害有叶斑病、网斑病等，一般在其叶面喷施杀菌剂防治叶部病害。如亩用300 g/L的苯甲·丙环唑乳油25~30 mL进行防治，或使用复配药剂进行防治，在花生开花后30~35天于叶面喷施，每隔20天左右喷施1次，连喷2~3次。

3) 烂果病防治。烂果病又称果腐病，为土传病害。造成烂果病的主要致病菌有侵脉新赤壳菌、腐霉菌、白绢菌等。烂果病的主要预防措施如下。

①轮作倒茬。推荐采用花生、小麦、玉米"二年三作"轮作模式。烂果病严重的地块，种植花生间隔时间要达2年。

②平衡施肥。对于耕层土壤钾含量超标的地块应增施生物有机肥和钙肥，如每亩增施硝酸钙25 kg或过磷酸钙40~50 kg，或直接施用含有活性有机钙的生物有机肥100 kg，这样可明显提高花生饱果率，减少烂果率。

③排水防涝。整个生育期应注意排水防涝，尤其是进入饱果成熟期后，遇较大降雨应及时排出田间积水。

5. **适期收获**

依据花生正常成熟期,一般提前5天左右收获,避免在雨天收获。当65%以上的荚果果壳硬化、网纹清晰、果壳内壁出现黑褐色斑块时,应立即收获。收获期花生如图5-30所示。

图5-30 收获期花生

模块7 大豆栽培

一、大豆生育期需要的外界条件

1. **大豆生育期划分(分为不同的生育时期)**

(1)播种出苗期。从大豆种子播入土壤到幼苗出土并达到一定生长标准为播种出苗期。

(2)幼苗期。从出苗到花芽分化前为幼苗期。幼苗期大豆如图5-31所示。

(3)花芽分化期。从花芽分化到始花为花芽分化期。

(4)开花结荚期。从始花到终花为开花期,从软而小的豆荚出

图 5-31　幼苗期大豆

现到幼荚形成为结荚期，由于大豆开花与结荚是并进的，所以这两个时期通称开花结荚期。

（5）鼓粒期。从豆荚内豆粒开始膨大起，到豆粒有最大的体积和质量止，此阶段称鼓粒期。鼓粒期大豆如图 5-32 所示。

图 5-32　鼓粒期大豆

（6）成熟期。叶片变黄脱落；豆粒脱水，含水量已降至 15% 以下；摇动植株时，豆荚内有轻微响声。

2. 大豆在不同的生育时期需要的外界条件

（1）播种出苗期需要的外界条件。20~25 ℃ 种子可正常发芽，29~31 ℃ 是大豆发芽的适宜温度。播种期间要求平均每天光照时数为 10~11 h。播种出苗期对水分要求较低。

（2）幼苗期需要的外界条件。适宜温度为 28~30 ℃，幼苗期适度干旱有利于根系深扎。

（3）开花结荚期需要的外界条件。适宜温度为 22~28 ℃，开花结荚期雨水不宜过多，只要求土壤经常保持湿润即可。

（4）成熟期需要的外界条件。适宜温度为 14~23 ℃，成熟期处于需水临界期，土壤（0~40 cm）含水量以 24%~27%（约相当于田间持水量的 85%）为宜。成熟期大豆如图 5-33 所示。

图 5-33　成熟期大豆

二、大豆的产量

大豆的产量由株数、每株荚数、每荚粒数、粒重四个因素决定，四个因素之间互相影响、互相制约。

1. 株数

株数由播种密度和播种面积决定。

2. 每株荚数

每株荚数与产量的相关性极其显著，受有效节数、分枝数等制约，且受栽培条件、气象条件影响较大。增加密度、推迟播期、肥水不足等，均会导致每株荚数降低；花荚期高温、干旱等逆境条件，也会导致落花落荚，从而降低每株荚数。

3. 每荚粒数

每荚粒数在遗传特性上比较稳定，主要受品种特性影响，受密度等栽培措施影响较小。

4. 粒重

粒重受遗传影响较大，受密度影响较小，提高粒重的主要措施是满足肥水条件。

三、大豆栽培技术要点

1. 品种选择

应根据当地生产类型及市场需求，因地制宜选择适宜机械化作业的蛋白食用型优质品种或油脂专用型优质品种。所选品种应适合在本区域种植，具有高产稳产、抗逆性强、抗倒伏、籽粒商品性好等特性，并已通过国家级或省级审定。

2. 种子处理

选择"杀虫剂+杀菌剂"进行种子处理。一般常用种子处理杀虫剂为噻虫嗪、克百威等，常用种子处理杀菌剂为"精甲霜灵+咯菌腈"、甲霜·多菌灵等。

3. 整地

春播大豆，在播种前要进行旋耕整地，同时施用基肥。大豆播前土壤（0~20 cm）相对含水量为70%以上时可趁墒播种；土壤相对含水量（0~20 cm）小于70%时，要灌溉造墒。夏播大豆，应适当灭茬或免耕播种。

4. 施肥

有机肥、无机肥配合施用。结合整地每亩施 500 kg 优质腐熟堆肥、200~300 kg 商品有机肥，并每亩配施 10 kg 氮磷钾复合肥。建议同时增施根瘤菌肥。

5. 播种

（1）播种机的选择和使用。春播区可选用普通大豆播种机；夏播区可选用大豆免耕铁茬精量播种机、大豆免耕覆秸精量播种机或大豆清垄免耕精密播种机，能一次性完成秸秆处理、大豆播种、施肥、覆土、镇压等工序。

（2）播种时间。春播大豆，在无霜期后及时早播；麦茬夏播大豆，在小麦收获后及时播种，最迟不晚于 6 月 30 日。

（3）播种方式。利用机械等行距精密播种，行距 40~50 cm，株距 6~14 cm，播种深度以 3 cm 为宜。大豆播种如图 5-34 所示。

图 5-34　大豆播种

（4）密度。采用所选优质品种的推荐种植密度。一般种植密度为 1.3 万~1.6 万株/亩。

6. 田间管理

（1）苗期管理。子叶出土后应及时查苗、补苗，对于缺苗严重的地块应补种。苗期主要防治对象是金针虫、蝼蛄、蛴螬、地老虎等地下害虫，蓟马、蚜虫、灰飞虱等刺吸式害虫，棉铃虫、造桥虫等食叶性害虫，以及根腐病、立枯病等苗期病害。用噻虫嗪、克百威、精甲霜灵、咯菌腈、多菌灵等处理种子，可有效防治苗期地下害虫、刺吸式害虫、苗期病害等。大豆出苗后，禾本科杂草2~5叶期，可利用无人机或喷杆喷雾机喷施药剂防治地上害虫和杂草，防治点蜂缘蝽、蚜虫、灰飞虱等刺吸式害虫，可根据喷药方式选用啶虫脒、噻虫嗪、溴氰菊酯、阿维菌素等药剂。防治豆天蛾、豆荚螟、棉铃虫、大豆食心虫等食叶类害虫可选用高效氯氟氰菊酯、甲氨基阿维菌素苯甲酸盐等药剂。大豆喷药如图5-35所示。

图5-35 大豆喷药

田间除草主要在苗期，大豆开花封垄后杂草生长会受到抑制。在播种后出苗前，可用对大豆无害的封闭类除草剂，如72%的异丙甲草胺乳油等喷施封闭土表。大豆出苗后，可使用精喹禾灵防治禾本科杂草，使用氟磺胺草醚防治阔叶类杂草。氟磺胺草醚对大豆叶片有伤害作用，故整个生育期只可施用一次。未实施化学除草或化学除草效果不好的地块，应及时中耕除草。

选用优质新品种大豆的地块一般不建议进行化学控旺。但对密度过大，或前期雨水过多、长势旺、有徒长趋势的大豆，可在初花期喷施生长调节剂，如15%的烯效唑可湿性粉剂30~40 g/亩，化控防倒。可与苗期病虫害防控药剂和除草药剂混合施用，实现"一喷三防"。化学控旺只可进行一次，切记不可重复施药。

苗期一般不浇水追肥，如果特别干旱，可酌情浇水。

(2) 中后期管理

1) 肥水管理。春播大豆在开花和鼓粒期，根据土壤墒情，在相对含水量低于75%时，要及时浇水。夏播大豆中后期，正值汛期一般不用浇水，如遇干旱应及时浇水，遇田间积水时要及时排水。应结合打药治虫喷施叶面肥，如亩用磷酸二氢钾150 g、尿素500~1 000 g，兑水50~60 kg，在阴天或晴天下午4点以后喷施。叶面肥喷施次数为1~2次。

2) 病虫害防治。中后期防治对象主要是点蜂缘蝽、豆荚螟、棉铃虫、大豆食心虫、造桥虫等害虫。防治点蜂缘蝽、蚜虫、灰飞虱等刺吸式害虫，可根据病虫害发生情况，根据喷药方式选用啶虫脒、噻虫嗪、间氨基阿维菌素苯甲酸盐、溴氰菊酯、高效氯氰菊酯与甲维盐的复配制剂等药剂。防治豆天蛾、豆荚螟、棉铃虫、大豆食心虫等食叶类害虫，可选用高效氯氟氰菊酯、氰戊菊酯、氯虫苯甲酰胺、苏云金杆菌、苦参碱等药剂。

第6单元 农产品安全生产关键技术

模块1 作物生产标准化

作物生产标准化是指严格遵守相关国家标准、行业标准或地方标准，对作物生产的各项参数及技术规程进行组织和实施的过程。作物生产标准化是我国建设现代农业的必然要求，是现代农业实行全面科学管理的基本条件，是发展现代高产、优质、高效、安全、生态农业的重要途径，有利于科学、合理地利用国家资源，有利于保持生态平衡和保障人类的安全与健康，有利于提高市场准入水平与农产品竞争力，有利于促进国际技术交流和贸易发展。

作物生产要实现标准化，离不开作物生产标准。作物生产标准一般包括四个方面的内容。

一、成果方面

成果指作物经过某种转换过程产生的东西，如农产品、种子等。成果是作物生产标准的最基本对象。作物生产标准涉及成果方面的有稻谷标准、小麦标准等。

二、过程方面

成果依赖过程而产生。过程包括农产品的生产过程、加工过程、流通过程和管理过程，以及这些过程所包含的阶段和作业。作物生产标准涉及过程方面的有栽培技术规程、病虫害防治技术规程、加工技术规程等。

三、行为方面

行为指人的活动，是人类社会一切活动过程的主体。行为包含程序和方法。作物生产标准涉及行为方面的有食品检验规程、验收规程、检验方法等。

四、条件方面

作物要取得预期成果，离不开条件。条件主要包括资源（农业生产资料、能源、信息资源等）、装备（生产设施、农具、工具、仪器、设备等）、人员、环境（温度、光照、水、土壤、大气）等方面。作物生产标准涉及行为方面的有农田建设标准、产地环境质量标准、肥料使用准则、农药使用准则等。

模块2 农产品质量认证

食品质量安全直接涉及消费者身体健康，因而也是当今世界的热门话题。自2006年11月1日起，我国开始施行《中华人民共和国农产品质量安全法》，以应对经济全球化进程加快给农产品质量带来的压力，满足人民群众日益增长的对食品安全的需求。按照《中华人民共和国认证认可条例》的定义，认证是指由认证机构证明产品、服务、管理体系符合相关技术规范、相关技术规范的强制性要求或者标准的合格评定活动。

目前，我国以产品质量安全为目标建立起来的农产品质量认证包括绿色农产品认证和有机农产品认证两类。

一、绿色农产品认证

绿色农产品是遵循可持续发展原则、按照特定生产方式生产、经专门机构认定、许可使用绿色农产品标志的无污染、安全、优质、营养的农产品。生产绿色农产品时，在生产方式上要对农业以外的能源采取适当的限制措施，以更多地发挥生态的作用。

绿色农产品具有一般农产品不具备的特性："安全和营养"的双重保证，"环境和经济"的双重效益。它是在生产加工过程中通过严密监测、控制、防范以减少化学物质（农药、重金属、硝酸盐、亚硝酸盐等）污染、生物（真菌、细菌、病毒、寄生虫等）性污染以及环境污染而生产出来的。

绿色农产品包括 A 级绿色农产品和 AA 级绿色农产品。A 级绿色农产品指在生态环境质量符合规定标准的产地生产，生产过程中允许限量使用限定的化学合成物质，按特定的生产操作规程生产、加工，产品质量及包装经检测、检查符合特定标准，并经专门机构认定，许可使用 A 级绿色农产品标志的产品。AA 级绿色农产品指在生态环境质量符合规定标准的产地，生产过程中不使用任何有害化学合成物质，按特定的生产操作规程生产、加工，产品质量及包装经检测、检查符合特定标准，并经专门机构认定，许可使用 AA 级绿色农产品标志的产品。

二、有机农产品认证

有机农产品是根据有机农业原则和有机农产品生产方式及标准生产、加工出来的，并通过有机农产品认证机构认证的农产品，包括粮食、蔬菜、水果、奶制品、畜禽产品、水产品、调料等，可在国际市场流通。有机农业的原则是：在能量的封闭循环状态下生产，全部过程都利用农业资源,而不是利用农业以外的资源(化肥、农药、生产调节剂、添加剂等)影响和改变农业的能量循环。有机农业生产方式是利用动物、植物、微生物、土壤四种生产因素的有效循环,不打破生物循环链的生产方式。有机农产品是纯天然、无污染、安全营养的食品,也可称为"生态食品"。AA级绿色农产品可以与有机农产品进行转换。

1. 有机农产品生产操作规程与相关标准

(1)生产操作规程。有机农产品生产过程禁止使用任何有害化学合成肥料、化学农药,其标准采用《生产绿色农产品的农药使用准则》《生产绿色农产品的肥料使用准则》,及有关地区《绿色农产品生产操作规程》相应条款。

(2)产品标准。有机农产品中各种化学合成农药及合成农产品添加剂均不得检出,指标应达到农业农村部AA级绿色农产品行业标准。

(3)包装标准。包装评价依据有关包装材料的国家标准、国家农产品标签通用标准及农业农村部颁布的《绿色食品标志设计标准手册》等。

2. 有机农产品标准化生产的基本要求

(1)生产基地在最近三年未使用过农药、化肥等违禁物质。

(2)种子或种苗来自自然界,未经基因工程技术改造过。

(3)生产单位需建立长期的土地培肥、植物保护、作物轮作和畜禽养殖计划。

(4)生产基地无水土流失及其他环境问题。

(5)作物在收获、清洁、干燥、储藏和运输过程中未受化学物质污染。

(6)从常规种植向有机种植转换需两年以上转换期,新垦荒地例外。

(7)生产过程必须有完整的记录档案。

模块3 绿色农产品、有机农产品生产关键技术

一、绿色农产品生产关键技术

1. 绿色农产品品质标准

绿色农产品是指在生产过程中严格按照特定的生产环境、生产技术、产品质量和包装标识等要求,经过专门机构认定并许可使用绿色农产品标志的农产品,其品质标准主要包括以下几个方面。

(1)产品质量。绿色农产品的质量必须符合国家或国际质量标准,这些标准涵盖了产品外观、口感、营养成分、卫生安全等多个方面。同时,不得含有违禁药物和添加剂,不得超过规定的农药残留量和重金属含量等。

(2)生产环境。绿色农产品的生产环境必须符合特定的要求,包括对土壤、水源、空气等环境因素的质量要求。生产过程中必须避免对环境的污染和破坏,保持生态平衡和可持续性。

(3)生产技术。绿色农产品的生产技术必须符合特定的要求,包括种植、加工等方面的技术。生产过程中必须采用环保、安全、高效的技术,禁止使用违禁药物和添加剂,以保证产品的品质和安全性。

(4)包装标识。绿色农产品的包装和标识必须符合特定的要求,包括包装材料的选择、标识的印制等。同时,产品上必须注明绿色农产品标志,以便消费者识别和购买。

2. 绿色农产品栽培技术

(1)土壤管理

1)土壤选择。选择土层深厚、排水良好、有机质含量丰富的土壤进行种植。避免在重金属污染、农药残留严重的土地上种植绿色

农产品。

2）土壤改良。根据土壤养分状况和作物需求，合理施用有机肥，提高土壤肥力。同时，采取深耕、松土等措施，改善土壤结构，提高土壤通透性。

3）土壤保护。实行轮作制度，避免连作，减少土壤病虫害的发生。保持土壤湿润，防止水土流失，确保土壤生态环境良好。

（2）种子的选择与处理

1）种子选择。选择适应性强、抗病虫害、产量高、品质优良的种子。优先选择经过国家或地方审定的绿色农产品专用品种。

2）种子处理。在播种前应对种子进行筛选、晾晒、消毒等处理，以提高发芽率和出苗率。同时，根据作物需求，进行浸种、催芽等处理，促进种子萌发。

3. 绿色农产品的病虫防治技术

（1）综合防治。绿色农产品的病虫防治应以预防为主，采取综合防治措施。在种植前，应对土壤、水源等进行检测，确保种植环境的安全。同时，选择抗病、抗虫性强的品种，以提高农作物的抵抗力。在种植过程中，应加强田间管理，保持田间卫生，以减少病虫害的发生。

（2）生物防治。生物防治是绿色农产品病虫防治的重要手段，指通过利用天敌、微生物等生物因素来控制病虫害的发生，减少对环境的污染。例如，可以引入天敌昆虫来捕食害虫，或利用生物农药来防治病害。

（3）化学防治。在必要时，可以适当使用化学农药进行病虫防治。但需注意，使用化学农药时应遵循"安全、有效、经济、环保"的原则，严格控制农药的用量和使用频率。同时，应选低毒、低残留的化学农药，减少对环境和人体的危害。此外，还要注意农药的交替使用，避免农作物产生抗药性。

（4）监测与预警。为了及时发现和处理病虫害问题，需要建立完善的监测与预警系统。通过定期巡查、观察农作物的生长情况等方式，及时发现病虫害。一旦发现，应立即采取措施进行防治，防止扩散和蔓延。

（5）建立档案管理制度。为了更好地管理绿色农产品的病虫害防治工作，应建立档案管理制度，对每次防治工作进行记录，包括防治时间、防治方法、防治效果等。通过对这些数据的分析，可以了解病虫害的发生规律和趋势，为未来的防治工作提供依据和参考。

4. 绿色农产品施肥技术

绿色农产品生产允许使用的肥料种类包括农家肥料、商品肥料、掺合肥等。农家肥料包括堆肥、沤肥、厩肥、沼气肥、绿肥、作物秸秆肥、泥肥、饼肥等。商品肥料包括商品有机肥、腐殖酸类肥料、微生物肥料、有机复合肥、无机肥、叶面肥料等。

二、有机农产品生产关键技术

1. 有机农产品品质标准

有机农产品是纯天然、无污染、高品质、高质量、安全营养的高级食品，它是根据有机农业原则和有机农产品生产方式及标准生产、加工出来的，并通过有机食品认证机构认证的农产品。

2. 有机农作物种植技术

优质的自然环境是生产有机农产品的决定因素。有机燕麦种植基地如图6-1所示。

有机农作物种植技术如下。

（1）在有机农作物种植过程中，应合理选择种植地点，合理设置缓冲带。

（2）在有机农作物种植过程中，科学选种。

（3）在有机农作物种植过程中，合理设置种植转换期限。

图 6-1　有机燕麦种植基地

3. 有机农作物病虫防治技术

有机农业种植技术要求在有机农作物种植过程中进行病虫害防治时，采用物理防治和生物防治两种措施。

4. 有机农作物施肥技术

（1）肥料种类选择。有机农作物施肥应选用符合有机农业生产要求的有机肥，包括畜禽粪便、作物秸秆、绿肥、饼粕、有机废弃物等。禁止使用化学合成肥料、城市垃圾和污泥、医院的粪便等。

（2）肥料无害化处理。人畜禽粪尿等在使用前必须经过无害化处理，如高温发酵，以杀灭各种寄生虫卵和病原菌，使杂草种子失活，去除有害的有机酸和有害气体，以达到无害化卫生标准。严禁使用未经腐熟的人粪尿。

（3）施肥方法。有机肥原则上就地生产就地使用，外来有机肥要确认符合要求后才能使用。商品化有机肥、有机复混肥、叶面肥、微生物肥料等在使用前必须明确已经得到有机认证机构的认可。有机肥一般采取在定植穴内施用或挖沟施用的方法，将其集中施在根系伸展部位，可充分发挥肥效。集中施用并不是离定植穴越近越好，最好根据有机肥的质量情况和作物根系生长情况，离定植穴一定距离施肥,作为缓效肥随着作物根系的生长而发挥作用。在施用有机肥的位置,一般土壤透气性良好,根系伸展良好,而且根系能有效地吸收养分。

(4)施肥量和施肥时间。有机农作物的施肥量和施肥时间应根据作物种类、生长阶段、土壤状况、气候条件等因素合理确定。一般应遵循"少量多次"的原则,避免一次性过量施肥。同时,应根据作物生长状况和土壤养分状况适时调整施肥量和施肥时间。

(5)记录管理。有机农产品的施肥过程应详细地记录,记录内容包括肥料的种类、来源、施肥量、施肥时间、施肥方式等信息。这些记录有助于追溯农产品的生产过程和品质,保证有机农产品的质量安全。